戦時末朝鮮の農政転換

最後の朝鮮総督・阿部信行と上奏文

樋口雄一 著

社会評論社

本扉写真：仁川の精米工場で働く女性たち

はじめに

　日本の朝鮮植民地支配は 36 年間にわたっていたが、最後の 1 年間は朝鮮人にとり、最も大きな犠牲を強いられた時であった。徴兵実施、小作米の全糧供出、1 年で最大になった 33 万人に達する日本への労働動員、それまでにない規模での朝鮮内労働動員、農民の食は満洲大豆の絞り粕の配給が常食とされた。皇民化のための 1 面（町）1 社の神社建設勤労奉仕が継続実施された。同時に 1942 年〜 44 年までには深刻な凶作となり、特に 44 年末から 45 年末にかけての農民食生活は危機を迎えていた。同時に兵士・軍属などとして戦場に動員されて犠牲になって死亡した人は厚生省の数字では 2 万 2182 人となり、日本国内で空襲被害にあった人は 23 万 9320 人とされている。植民地下では最大の犠牲者を出していたのがこの期間である。日本人はこれらの事実について関心をもっていなかった。なかでも農民生活についてはまったく関心がもたれてこなかった。

　この 1 年間について、朝鮮民衆への日本の支配を考えることが必要であると思う。日本人にとり大きな課題となる植民地支配最後の 1 年間であるからである。

　しかしながら、この時期の戦後の研究は極めて少ない。朝鮮史研究の世界でも、入門書として『朝鮮史研究入門』が改定版を含めて 2 冊刊行されているが、最後の朝鮮総督となった阿部信行については植民地支配の最後の 1 年間であるが、ほとんど触れられていないのが現状である。

　この時期を調べているときに阿部総督の天皇への上奏文を公文書のなかに見つけることができた。この中で朝鮮農政転換に触れているだけでなく、朝鮮支配全般についての報告を天皇に行い、日本への労働動員数などは外の当局資料と同一であることに気づいた。阿部総督以外の朝鮮関係上奏文を確認できていないが、これを柱の一つとして、他の当時の公文書を使い、この 1 年の支配実態を明らかにしたのが第 1 編　第 1 章〜第 6 章である。朝鮮人にとり、食を補塡する大切な畑作地に米を作らせることで、凶作の

3

要因の一つとなっていた従来の方針を転換し、一部、畑地米作を中止するという方針転換を、この1年で実施しようとしていたのである。なお、1章第5節の、農民にとって苛酷な全糧供出下の治安状況資料は、取り締まり当局作成の資料を、わかりやすくして解説した。

　第2編では日本の政策について朝鮮人がどのように対応し、日本人とは別の世界に住んでいたことを明らかにした。この資料は当時の日本語新聞などを使用した。朝鮮人は朝鮮人の世界で生活し、日本の武力支配のなかでも朝鮮人として暮らしていた。36年間の植民地支配でも日本人社会と乖離していた朝鮮人は、日本人とは別の世界で生活していたのである。日本と乖離した戦時下の朝鮮社会が存在したから、日本の敗戦と同時に朝鮮人は8月15日から韓国国旗として認識していた旗を立てて、朝鮮全土で「朝鮮独立」を祝うことができたのである。こうした事実は現在の朝鮮社会を理解するためにも基本であると思う。敗戦を悲しむ日本人は予想もしていなかった事態が進行していたのである。乖離社会の現実であった。この事実は現在の朝鮮社会を理解するためには基本的な知識でもある。

　なお、日本の植民地支配・収奪の基本は農業支配、米の収奪であった。日本は米の収奪を進めるため土地調査事業・産米増殖計画を実施していたが、さらなる米の増産を図るため、天水田（雨水のみに頼る田。全耕地の30％、朝鮮人の畑作地）で稲作をさせ、実施したのである。これは1929年頃から京畿道水原の朝鮮総督府勧業模範場が中心になり、全朝鮮で試験が行われ、実施された。戦時下、3年連続の凶作下でも畑作地で稲作が強行されていた。天水田では朝鮮人にとって必要な野菜、芋、粟、ヒエ、麦などが作られていたのである。小作料も安かった。天水田での稲作は米以外の食材として必要な農民の作物を奪うこととなった。3年連続の凶作下に畑地をなくした朝鮮人農民の春窮期の生活は1日2食の雑穀粥が一般的になっていた。1944年10月末にこの年の凶作が明らかになると、総督府は天水田の一部に畑作物を植えることを認め、米の減産を認識しながら政策転換をおこなった。農民の抵抗が様々に強くなり農民の食を確保しないと支配が崩壊する危険があると判断したのである。朝鮮人民衆の様々な行動がもたらした結果である。この朝鮮植民地支配下の出来事から、朝鮮植民地支配の柱である朝鮮の米の単作地化が、この政策変更の時点で崩壊した

ともいえることを、実証したいと試みた。

　以上が本書の概要であるが、上奏文を含めて日本の公文書と当時発行された資料で構成し、事実と思われることを紹介した。ただし、ここには軍事関係や、戦時下で学徒兵が反乱を起こしたことなどは掲載していない。今後の課題としたい。

2023 年 11 月 11 日

第 1 篇　植民地末期 1 年間の朝鮮農政

第1章　阿部信行の天皇への上奏文と農政転換

第1節　阿部総督の農政転換

1　阿部信行の朝鮮総督就任

　阿部信行は敗戦直前の1944年7月24日に就任した植民地時代最後の朝鮮総督である。すでに日本の敗戦が予想され、日本の朝鮮支配も揺らぎ始めていた。インフレが進行し、経済的な混乱が進み、日本と朝鮮の物資輸送も困難になっていた。前任の朝鮮総督の小磯国昭は首相に就任にするにあたり、阿部を後任とするように進言し、認められたといわれている。小磯がなぜ阿部を選んだかは不明である。阿部信行は1940年に内閣総理大臣になるが短命に終わる。その後、阿部は陸軍大将であったが総督就任当時は政府の主要な役職についていたわけではない。また、朝鮮支配についての知識などはなかったと思われる。さらに現在の朝鮮史研究でも取り上げられることが少なく、就任期間の研究もない。小磯国昭の政策の延長で考えられている程度である。しかしながら、阿部総督の総督就任期間は日本の敗戦直前の1944年7月から翌年の1945年8月までの1年間である。それまでにも増して重要な施策が実施された時期であった。44年には朝鮮人の徴兵、それまで最大数の日本への強制労働動員、朝鮮内の軍事基地整備、済州島防備組織と軍の配備、すべての学校生徒を含む朝鮮人の戦時動員、強制供出、農政の転換など戦時動員の取り組みが実施された。義務教育の実施予定、「朝鮮人の処遇改善」など新しい重要課題も存在した。阿部と共に就任した総督府政務総監・遠藤柳作などの官僚たちがいたとはいえ、その要として小磯は阿部に役目を託したと思われる。陸軍大将、総理大臣経験者という立場などが阿部総督就任の要因になり、小磯もそれを前提に就任前の阿部と長時間懇談しているのである。[(1)]

2　阿部信行総督について

　阿部信行については、短期間とはいえ総理大臣を経験している人物であるにも関わらず研究は行われていない。歴代首相を論ずる中で簡単に触れられているにすぎない。彼の出身地である金沢所在の大学、県立図書館などでも資料は収集されていない。存在すら認識されていないようである。阿部についての著作、関係資料目録で詳細なものは、東京大学法学部の研究機関「近代立法過程研究会」収集文書ナンバー21であり、そこに朝鮮総督府関係文書も一部収録されている。なお、同目録は国立国会図書館憲政資料室で公開されているが、総督時代の訓示などは総督府関係雑誌などに掲載されている。とくに国民総力朝鮮連盟の機関紙『国民総力』に多く掲載されているが、これは総督が連盟の総裁を兼務していたからで、阿部が同連盟の総裁であったためであろう。

　阿部は戦後、連合国軍から戦犯として拘束されたが、すぐに釈放されている。理由やその後のことも不明である。生没年は1875年1月14日〜1953年9月7日である。

　彼は陸軍大将であり、退役後に東亜同文書院に関わり中国に滞在した期間もある。彼が東亜同文書院に関与した期間は短いが、この中国政策をめぐり孤立し、1940年に就任した内閣総理大臣の座を辞任しなくてはならなくなった。それは中国侵略戦争の最中であった。軍との意見の相違と思われるが、この内容の研究はなされていないと思われる。こうした経過を知りながら、小磯は阿部を朝鮮総督に推薦したのである。小磯は彼なりに阿部の姿勢を評価し、総督に推薦したと推測される。小磯と阿部は、朝鮮政策について、朝鮮総督に就任する直前、8月3日午前に東京で2時間ほど話し合いをしている。この内容は不明であるが、朝鮮支配に関する問題であったことは明らかである。

　阿部は翌4日に長文の文章を発表し、東京駅から出発し、8日空路朝鮮京城に到着している。

　到着後は所感を発表し、朝鮮神宮を参拝して総督府で訓示をのべている。阿部の就任については、阿部と同時に就任した朝鮮総督府政務総監・遠藤柳作の聞き書きがある。[2]

　なお、遠藤は総督府高官として在勤した経験があり、阿部と同時に政務総監に就任、補佐していた。

　なお、阿部の在任期間の記録は巻末年表（170～174頁）に一覧として掲げた。彼は朝鮮総督と同時に国民総力朝鮮連盟総裁を兼務しており、その機関紙『国民総力』に多く執筆していることは述べたが、そこでは具体的な農業施策などには触れられていない。

3　阿部総督の上奏文

　1945年3月10日の東京大空襲に象徴されるように、敗戦が間近になっていた。阿部は天皇に対する上奏で、こうした時期の朝鮮の状況を報告している。その内容は、日本帝国の朝鮮支配の終焉直前の状況を分析する際の資料の一つである。

　この上奏文書（83～90頁）は、緊迫した状況下で1945年4月18日に起案され、数日中に決裁され上奏されたと思われる[3]。

　この上奏文の全文はこれまで公表されたことはないと考えられる。敗戦の4ヶ月前の朝鮮情勢全般が報告されている。個々の報告内容は朝鮮解放直前の総督府側の認識を示し、役立つと考えられる。

　かつて私は、この上奏文書に書かれている食糧生産の政策変更を取り上げて、戦時下に3年間継続していた旱魃田10万町歩を畑に転換するという総督府の方針転換と水稲畦縦栽培法の採用を、総督府農政の重要な政策転換として検討した。この時には上奏文書には触れられず、単に植民地農政の失政であり、植民地支配の破綻でもあったと述べている[4]。

　こうして阿部は、小磯の強い推薦で総督に就任したが、朝鮮は1944年夏の米の植付界の7月20日を迎えても降雨が進まず、凶作が明らかになったばかりであった。1942年、1943年と継続して平年作を大きく下回り、凶作であり、1944年度も凶作であれば深刻な食糧不足という事態になることが明らかになったのである。朝鮮では軍からの食糧要求、日本からの移出米要求により朝鮮農民に対する米の供出要求は厳しく、全糧供出が要求され、肥料として配布されていた満洲大豆油の搾りかすを食用に製粉を行い「愛国粉」として朝鮮農民に配布していたのである。「愛国粉」と表現されたのは一部であり、以降、大半は肥料として配布されていた包装の

ままで配布されていたと思われる。これ以降の朝鮮農民の食糧不足が、農民・農村に深刻な事態をもたらしていたことは明らかであった。阿部総督が就任直後に対応した第一の重要課題はこの食糧確保であった。阿部がどのように関係したかは総督府資料がないが、天皇への上奏文書には具体的に取り上げられており(5)、これを以下に検証したい。

　第１に取り上げたいのは朝鮮の農業問題である。朝鮮は農業が産業の中心であり、朝鮮人人口の８割以上が農業に関わり、日本の朝鮮農業収奪も米の生産、米の品種から日本への安い朝鮮米の移入に至るまで日本式生産様式により管理していたのであり、日本式の米の生産拡大が朝鮮農民収奪の基本となっていた。この間、農村では自作農が減少し、小作農・農業労働者が増加していたのが植民地時代の朝鮮の特徴であった。1945年敗戦時に2500万人朝鮮人農民人口のうち、日本に200万人余、満洲に200万人余、中国などに50万人余、その他50万人、合計約500万人が流浪しなければならなかった。彼らは労働者・農民として暮らし、日本への労働動員・満洲移民動員などが戦時下に実施されていた。また朝鮮人の徴兵は日本国内、「満洲国」でも実施された。

　一方、朝鮮内では敗戦に近づくと肥料・農具や労働力も不足した。特に農村では食糧が不足し、米は全量に近い供出が割り当てられ、大半の農民に配給されたのは満洲大豆油の搾りかすであったから、この時期の子どもたちの身長は栄養不足で低くなっていた。朝鮮支配の基本は農業収奪で、生活は困難をきわめるものになっていたのである。農民のなかでも私が取り上げたいと思うのは、自作農下層の自小作農、小作農、農業労働者、病者や行路死亡者などであり、この時期に多くなった離村者などである。こうした人々が最も食に窮迫しており、春には木皮草根を求め１日に２食の雑穀粥で過ごさなければならない人が大半であったからである。この階層の人々は日本語を話せず、朝鮮語で話し、朝鮮服と朝鮮式住宅に住み、書堂（日本の小学校に行けない人は伝統的な学校・書堂に行っていた）で学んでいた。植民地にいた日本人とは全く違う朝鮮人の世界で生活していた人々であり、後に解放後の朝鮮世界を建設する主力になった人たちでもある。在朝日本人は軍人は別として60万余人であり、2500万人の朝鮮農民のなかでは点として存在するにすぎなかった。

　こうした戦時期朝鮮のなかで、この時期は日本による支配の矛盾が頂点

となり、とりわけ下層農民にしわ寄せが強まり、深刻な事態となっていた。特に朝鮮農政は朝鮮の農地の半分を占めた雨水に頼る天水田への稲作化政策が挫折を迎えていた。そこには総督府の推進した天水田政策と、その政策の挫折があり、それが1942、43、44年と連続で凶作をもたらした。このことが、農政の転換をせざるをえなくなる契機になったのである。この総督農政破綻の道筋を明らかにしておきたい。

4　朝鮮農政の政策転換

（1）米の生産減を見込んだ天水田対策——新たな対応——

当時、朝鮮農村は供出体制の強化、朝鮮内外への労働動員、食料統制などにより離村が進行し、インフレが深刻になっていた。

特に1942年からの旱害など3年連続の自然災害、肥料不足、農具不足、労働力不足などの要因により、農村は深刻な食糧不足に陥り、体制の維持も困難になっていた。また、3年連続の凶作は総督府政開始後初めてのことであった。1945年4月に阿部総督は天皇に上奏した朝鮮支配の状況報告のなかで、10万町歩の常習旱魃田の畑作化は食糧事情の改善に役立つと総督府は受け止めているとしている。朝鮮総督府の植民地支配の基本は農業収奪にあり、基本は農業、特に米収奪が中心となり朝鮮各道に農業試験場が設置されていた。日本人農民と日本人地主たちは朝鮮農民の土地を手に入れ農業支配を行い、日本国内の食糧不足と農業の矛盾を解決する手段にしていた。朝鮮支配にとって米の生産が大きな課題となっていたのである。朝鮮の水田は水利がある水利安全田と、水利のない畑・天水田があった。雨が降らないと耕作のできない土地を天水田と呼んでいたのである。

水利安全田と天水田の割合は、水田総面積176万町歩のうち、水利安全田が86万8000町歩（49％）、灌漑設備があるが水利不安全田が36万7000町歩（21％）、雨水のみに頼る天水田が51万7000町歩（30％）となっていた。水利に不安のない水田と不安のある天水田が全農地の半々という状況であった。[6]

朝鮮農民の食は、米以外は麦・大豆・白菜・唐辛子・粟・ヒエ・トウモロコシ・サツマイモ・ジャガイモなどの混食が中心で、主食・副食のほとんどが畑作物であった。この畑作物が、主に朝鮮農民の大半を占めた自小

作・小作農民たちの朝鮮人の生命を支えていたのである。小作朝鮮農民が米を食べられたのは収穫期の秋から12月ごろまでであり、米とほかの作物を混食しながら食いつないでいたのである。小作農民の米は1月まであればよい方であった。2月からは安い粟・ヒエなどの雑穀で粥をたべ、1日2食が多くなっていた。これが毎年繰り返される春窮期であり、朝鮮女性たちは春に野草を摘みに行くのが恒例になっていた。また、米の小作料は5割を超え高くなっていたが、雨水のみに頼る天水田、すなわち畑作の小作料は安く、米に比べると2割ぐらいは低く位置づけられていた。小作農民たちはこの天水田に野菜・唐辛子・ジャガイモ・粟などを植えて春窮期に備えたのである。朝鮮農民はこの天水田（畑）では伝統的に土地に合う朝鮮品種の米（陸稲）・麦・野菜などを栽培し、特に大豆は日本国内でも評価され、移入されるほど品質がよかった。韓国併合以前から土地に合う在来米を作り種類も多く多様であった。旱害対策の工夫もされていたと考えられている。

　朝鮮総督府は、この朝鮮人の生活にとり重要な畑作地である天水田で、陸稲を含めて水稲作を強要したのである。天水田に水稲稲作を推奨したのは総督府であるといわれてきたが、具体的にどのように朝鮮農民に水稲を植えさせたのかについては明らかではなく、解明されてこなかった。戦争末期にもかかわらず、10万町歩の天水田を稲作から畑作に変更することを天皇に説明する阿部信行総督の上奏文書を見て、これが朝鮮総督府農政にとって重要な政策変更であったことを知り、なぜ総督府はこれまで一貫して水稲優先政策をとってきたのか、天皇に上奏までして政策変更を実施せざるを得なかったのかを考察の対象としたいと思っていた。そこには、朝鮮総督府の植民地支配収奪の基本である米の日本式生産体系と、安価な米の移入による日本の利益政策が背景として存在したのである。[7]

　当初の総督府政策は、産米増殖計画のもとに朝鮮南部での米の生産拡充を計ることにあり、農地の拡大を考えていた。更に、この米の生産拡大の対象になったのが朝鮮往民の畑としての天水田と水利不安全田での米の生産であった。当然のことながら総督府は水利安全田に加えて水利不安全田、天水田でも米の生産拡充を図ろうとしていたのである。この米中心の政策が小作農民の暮らしを困難なものにした。農民の生活維持にとって畑作の中心の天水田は大切な場所であり、これを1942年からの3年連続の旱天

凶作の末、1945年になってようやく、稲作化を進めていた天水田を急に畑作に転換しようとしたのである。朝鮮全体で10万町歩に及ぶ面積である。天皇に対する上奏は天水田の畑作化対策だけでなく、水稲の植付方法を、それまで行われてきた平畔水稲栽培法から畦立水稲栽培法への転換を図ることも含んでいる。畦立水稲栽培法は朝鮮総督府農事試験場沙里院支場長・高橋昇が提案したものである。上奏文書では「鮮内水田面積の約1割15万町歩」を畦立栽培法に変更する旨説明している。上奏文5―ヘ項（88頁以下）を参照されたい[8]。

　しかしながら、総督府による農地の米優先政策が朝鮮農民に具体的にどのような影響を与えていたのかについては研究が少なく、天水田・畑の米作地化が朝鮮農民生活に与えた窮状を正確に知ることができなかった。ここでは総督府が推進した天水田（畑）の米作化を推進した状況を検討しておきたい。

　この朝鮮農民に必要であった畑作天水田の稲作化政策のための方策を考え、実験を繰り返し、普及させる役割を果たしたのが、朝鮮各道に設置されていた農業試験場であった。その中でも中心は京畿道にあった朝鮮総督府勧業模範農場である。天水田の米作中心の水田化政策をすすめる報告書から、その概要を検討しよう[9]。

（2）総督府の進めた天水田（畑）の稲作奨励政策について

　畑地の稲作化は米の日本輸出を優先していた総督府によって進められた。それを進めたのは京畿道水原にあった朝鮮総督府勧業模範場である。この農場の技師である杉弘道は「所謂天水田の稲作に就いて」（1929年）という論文で、朝鮮全体の各道の種苗場の天水田の水田化に関するデータを使用して論じている。植民地支配の具体的な天水田の畑作化事実を知るために、長い引用になるが問題の基本を示しているので、記録しておきたい。

　「天水田とは灌漑の設備なく専ら降水のみに頼りて稲の挿秧をなし又灌漑水を得る水田の謂であって朝鮮に於ては全水田面積の7割5分即約120万町歩を占め朝鮮農業界空前の大事業産米増殖計画遂行の後に於いても尚100万町歩は依然として天水田其の儘として残されるのである。而して之等天水田は幸いに朝鮮に於ける降水の状況が著しく夏季に偏せる為平年に

於ては不完全乍らも稲作が出来るのであるが降水の分配は毎年同じ様に行かず少なくも数年に1回は移植不能或いは其時期著しく遅れて所謂旱魃の惨害を繰り返して農家の経済を根本的に覆すから其の稲作たるや不安極まりなく之が解決は実に朝鮮に取りては重大なる問題である」。

　すなわち、朝鮮の水田の半数にあたる100万町歩は天水田であり、数年に1度は旱魃に襲われるとして、農家の暮らしを惨害に陥れるとしているのである。天水田の稲作は不安定極まりないものとなり、それが朝鮮農政上「重大な問題」であると指摘している。こうした事態に対応するために朝鮮農民は畑に麦・粟・ヒエなどの畑作地として天水田を使用し、被害が少なくなるように工夫していたのである。それでも1939年の大旱害は多くの農民に深刻な被害をもたらし、帝国全体の食糧事情を悪化させた。この大旱魃については、総督府でも大冊の記録『昭和14年旱害誌』を刊行している。朝鮮では数年に1度は干害に襲われていた。総督府は天水田を投下資本のかかる灌漑設備より米作植付技術、米の品種などにより天水田の米の収穫を安定させ、かつ収穫量も安定させようとした。総督府の農政関係者は米の生産のみを目標にしていた。朝鮮農民たちに必要であった野菜、たとえば大根については、朝鮮で刊行されていた『朝鮮農会報』を見ても、数十年で論文2編のみを見つけられるにすぎない。大半が米に関する論文資料である。朝鮮米収奪が総督府の目的になっていたのである。本資料も以下に見るように米の生産についての資料となっている。

　総督府勧業模範場の天水田米作推進の具体的方法について、資料では多面的な日本品種の植付成績を紹介している。

　1927年と1928年の「乾地直播品種比較成績」表が作成されている。25品種の品種の栽培実験を行った。原産地不明の2品種を除き、すべて日本原産である。播種期は5月10日〜7月20日、播種量反当5升、1.5尺巾の條播、7月10日より灌水、肥料反当追肥は100匁、大豆粕7匁、過リン酸石灰及び硫安各3貫とした実験であった。こうした実験は規模は違うが他苗場、黄海道、忠清北道、慶尚南道、全羅北道道でも行われている。この結論は本場では「大体において移植に比し収穫量数なきも7月20日植に比し収量少なきも……品種によりては1石5斗以上昭和3年の如きは2石以上も得ているのであるから安全確実なるべき事前成績と同様である」としている。先の各苗場も結論として「以上各地の成績によりて見る

も何れも当場の成績に比し大差なく大体に於て安全なる事が認められる。……朝鮮の天水田としては十分満足するに足り然も農家の最も望むべき収穫の安全に就て大に利あるから奨励普及の価値ありと信ずるものである」としている。すなわち、天水田に稲作を進めることを奨励普及の価値があるものとしているのである。このための方策として「中南鮮」の農家では以下のような方法を取り、天水田を耕作するように勧めている。すなわち先のような収穫を保つためには様々な対応を取らねばならなかったのである。

　①稲の品種を選び、日本産の品種である多摩錦、石山租、愛国、小腹、穀良都、銀坊主などの水稲品種を陸稲式、乾稲式に栽培することを勧めている

　②播種期・播種量・播種量などを詳細に指示しているが、1尺巾の日本式條播（従来は2尺）することなどを指示している（朝鮮では以前は條播でなく密植であった）。天水田も水田と同様に植えるように指示している。

　③肥料は移植する際には多肥を要するとして、反当堆肥200貫、大豆粕7貫、硫酸アンモニア3貫、過リン酸3貫、木灰5貫などで使い方も解説している。

　④その後の管理については降雨の状態や直播か移植を併用して行うことや降雨のない場合の対応を指示している。

　このほかに移植法を使い安全な栽培法を記録している。

　天水田の稲作は直播法が確実であるが、移植法で降雨がない場合の対応を各日本種の品種実験を紹介し安全対策を提案している。すべて日本種の品種の選択など詳細な実験結果を紹介している。

　ここですべてを紹介できないが、農民にとり重要であった降雨のない時にどのように対応するかという対応方法について紹介しておきたい。旱害の時にどう対応するかが農民にとり重要な課題であり、この報告でどのような対応を提示しているかを見ておきたい。旱害害が起きた時にどのように対応しるかという方策を提案しているのである。

（3）裏作並に応急代用作物栽培

　本資料では7月20日までに苗の植付が終わらないと天水田では米作ができず、裏作ができなければ「今日見るが如き草根木皮を求め辛うじて生

命をつなぐの惨を来す事」は明らかであり、これが大切であると述べている。裏作を行うことは稲作不能を伴う」対策としての対応であり「極めて必要な」ことであるとしている。降雨がない時の準備である。

裏作には麦とジャガイモ・大麦・小麦・春蒔き大麦が中心であり、ソバ・緑豆・小豆・粟・ヒエが対象とされ、朝鮮内各苗場で植付実験が行われた。裏作は必要であり、対処するように指示している。

以上が天水田に関する朝鮮総督府の勧業模範場対応策の概要であるが、この資料からわかる特徴を挙げておきたい。

第1に総督府農政の中心的な指導機関が天水田への水稲栽培を強力に指導していることが明確に示されていること。同時にこの天水田は農民の生活に欠くことができない麦・野菜などの畑としての重要な収穫地でもあったこと。

第2に米の奨励品種が大半が日本米の品種で、多数あった朝鮮在来種は試験の対象になっていないこと。このころになると日本の品種を朝鮮農民に植えさせ、安い朝鮮米として日本に輸入させるようになり、朝鮮水田の大半は日本の品種となっていたのである。

第3に日本の朝鮮支配は農業支配で中でも米の収奪であり、朝鮮の「天水田を水田化すること」により、さらに多くの日本品種の米を生産させ天水田からも日本の利益を得ようとしていたことである。総督府は日本人の好みに合う米の生産を奨励していたのである。

第4に天水田の米穀生産を強行したため旱害に襲われると裏作の麦・ソバなどの農民の食糧が欠乏したこと。特に戦時下になると天水田の要件として必要条件であった肥料、硫安などを入手できなくなったことである。裏作には人手が必要であったが日本への強制動員、朝鮮国内動員、徴兵などで深刻な労働力不足下にあった。戦期末には朝鮮内は労働力不足で1944年には、農民が高賃金を求めて農村から都市に流入する事態になっていた。都市へ流入した農民は高い闇賃金を得て新興所得層といわれ、当局に貯金を勧められていた。闇賃金は禁止されていたが、その人々に当局が預金を呼びかけている。経済的破綻が進行していたのである。

第5に朝鮮では1942年〜1944年まで深刻な旱害となり、各年米は1000万石の減産になった。食糧不足は深刻で米生産は全量供出となり、前述のように代わりに配給されたのは満洲大豆粕であった。本来は肥料と

して配給される予定であったものが「愛国粉」などとして配給されたのである。食料をめぐり朝鮮内は危機的な状況を迎えていたのである。

第6に旱害下にも関わらず米の供出が厳しく、暴力を伴なう供出を実施していたことである。この実態については別に論ずる（61頁以下参照）。

第7に朝鮮総督府は1944年末に急遽天水田政策を変更し、天水田を総督府政策以前の天水田＝畑として使用することを決定し、政策転換を決めたことである。政策変更の主眼は2つあり、1つは天水田の韓国併合以前と同様の畑としての回復を図る点、もう1つは天水田への水稲畦立法の採用である。朝鮮で強行されていた朝鮮の農業試験場、朝鮮農会などが進めていた農政、特に天水田政策が破綻したのである。これは農政の基本政策の破綻であったといえる。

なお、この水稲畦立栽培法施行の結果については明らかでない。高橋昇の実験、著作資料は復刻されている。

具体的に水利不安全水田の畑作転換が提唱され、公的に報道されるのは1944年11月前後からで、新聞各紙に報道されている。事例としては「阿部総督の一英断と見られる水利不安全田の畑作転換などこれまで実施しなかったことが不思議とすら思えるが、とにかく明春3月までに全鮮10万町歩の『札付水田』が畑作に替えられ食糧増産に寄与することになったのは喜ばしい　問題は浮上った畑を農民の自主的意欲によってその役割を完全に果たさしめる方策如何にかかっており農作物への新しい価格政策、報奨制の確立など畑作転換に伴う一連の政策が的確に迅速打たねばならぬ」としている[10]。

なお、慶尚南道では2年間で「2万8千町歩」、京畿道では「8千2百町歩転換──京畿の水利不安全田」を畑作とするとの記事があり、畑に転換する面積を報じている[11]。

このほかに朝鮮総督府の当局者としてのこの問題の発言としては、総督府の白石農商局長が「今年の半島農業方針」として「第1に畑作」として畑作転換を掲げている。阿部総督の提起した畑作転換はほぼ就任と同時に実行が提起されていたと思われる[12]。

総督府を挙げて方針転換を行っていたのである。どうして方針転換を行うようになったかといえば、3年連続の凶作と、その背景となった労働力不足、肥料不足、農民の都市への移動などによる農業生産の崩壊の危機に

直面していたからである。

　以上のような朝鮮農業の危機状況は朝鮮支配の根幹を揺るがすものであり、その対応策を示すのが、天水田稲作植え付けを一部中止し、天水田にもともと植えていた麦・粟・ヒエ・サツマイモ・トウモロコシなどの植え付けを許可する政策変更について述べた阿部信行の天皇への上奏文の内容であった。

(4) 米生産についての天皇への上奏

　上奏文中の「五　昭和 19 年度に於ける各種生産増強の状況」の（ヘ）項には 1944 年に 1000 万石の減収であるとして「全鮮 10 万町歩に亘る常習旱魃水田は之を畑に転換し収穫の安定化を図ることとせり　尚耕種法の改善に付ては差当り鮮内水田面積の約 1 割 15 万町歩に付従来の平畦栽培法を改めて畦立栽培に依る増収を計画中なり』として畑作に力を入れることを上奏している。それまでの政策からいえば大転換であり、それ故に天皇に上奏したのである。この農政転換は凶作が明らかになった 1944 年 7 月以降に凶作が明らかになり、転換が決定されたと思われる。この経過を示す公文書は発見されていないが、新聞記事からこの間であると思われる。しかし、この時点で転換しても農民の食糧不足解決には役立たなかった。また、45 年 8 月以降の朝鮮の食糧問題にも役立たなかった。農業に必要な人手、肥料、農機具なども 1944 年には極度に不足していた。米が目標生産量を達成できず、朝鮮全体の食糧危機が迫っていた。天水田の政策変更だけでは食糧問題は解決できなくなっていたのである。敗戦状況が目前になり、その総督府の危機意識が転換を促進したわけである。これが敗戦の 1 つの要因になっていたことの証明でもあった。上奏文として直接天皇に了解を得る必要が存在したからこそ、この事項を上奏文に組み込んだのである。

　この上奏文には天水田のみではなく様々な課題が提起され、総督府と日本植民地支配崩壊の前提を示す課題が述べられている。更に当時の総督府政策の方針と政策結果としての数字と課題などが示されている。数字は 1944 年中に朝鮮内で発表されている数字と一致している。

　なお、農業生産の危機を前にして天水田への米の植付を辞め、畑作地とする政策変更案がすでに議論されていた。

　1944年7月20日が稲の植付限界でこの時点で凶作が明らかになり対応が求められていた。

　この時点で、すなわち、1944年7月には凶作がわかり、朝鮮最大の地主で国策会社の「東洋拓殖株式会社」でも7000町歩の天水田対象地があり、これが凶作になることが明らかになったのである。会社幹部の担当者は「明年度天水田対策強化に関する件」とする伺いを提出している。凶作と決まったばかりの1944年8月5日付で伺いを提出している。伺いの前文は「朝鮮に於ける夏季雨量の偏在は近年益々激化の傾向を看取せられ年々大面積の不作地を残しつつあり本年度に於ては7月20日現在全鮮77%、当社81%植付の稀有の不成績にして之が当然の結果たる昭和20年米穀年度に於ける食糧不足は決戦突破上重大支障となるべく真に憂慮すべき状態に有之候処」と述べ総督府の万全でない対応を批判している。明年度対策として「天水田面積の積局的縮小と共に主食たる本秋播種の麦作並びに明年度端境期前生産の早場米雑穀の作付重点を置くべきものと思料」すると提案している。「来年度の食糧事情こそは真に寒心に不堪ものあり」と指摘している。文書は東拓副総裁から原理事に出されているが、この提案は廃案とされている。総督府には出されなかったが7月20日直後に総督府の作成した対策案が立てられたのが天水田の畑作化と水稲畦立栽培法であった。これが新聞などで発表されたのは1944年10月前後からで、具体化するのは更に遅く、1945年初めでありその実行はさらに遅れていたと思われる。

　東洋拓殖株式会社は国策会社で、50万町歩を超える朝鮮最大の地主であった。ここで引用した資料には東洋拓殖株式会社資料1873、史料名昭和19年度『土地関係及び殖産関係』1944年8月5日付文書名「明年度天水田対策強化に関する件（伺い）」が含まれている。この文書は東拓社員が1944年8月5日に上司に決載を求めて起案したものである。この伺いは決載とはならず廃案とされている。この起案が正しいと認められても総督府官僚政策のなかでは認めることができなかったと思われる。いずれにしてもこうした起案がされていることは、天水田の稲作化政策が3年連続の凶作の前に失敗し政策変更を選択せざるを得ない結果となっていたことを示している。政策変更が、気象状況という条件ばかりではなく、肥料、農具、労働力不足などの諸条件がもたらしていたことを検証しておき

たい。

　なお、この東拓文書には 1944 年 10 月 18 日付「緊急食糧増産対策要綱」があり、これに基き水稲畦立栽培法、天水田への麦などの転換などが指示されている。この朝鮮農政の政策転換は「緊急食糧増産対策要綱」により実行されたので、以下に内容を検証しておきたい。

(1)　小磯と阿部の会談の内容はわからないが、小磯邸で阿部が朝鮮に赴任する直前の 1944 年 8 月 3 日午前 9 時から 11 時まで会談している。翌 4 日朝には阿部は東京を出発している。小磯の組閣時以降に阿部と話し合いがあったという記録はこれ以外にはみつけられない。この日に朝鮮統治について話したと思われる。阿部は 4 日の出発に際しては談話を発表している。これは朝日新聞（1944 年 8 月 4 日付）に発表されている。

(2)　遠藤総務総監の阿部総督時代についての概要は、宮田節子解説「阿部総督時代の概観——遠藤柳作政務総監に聞く——」（学習院大学東洋文化研究所『東洋文化研究』2 号「未公開資料　朝鮮総督府関係者　録音記録（1）15 年戦争下の朝鮮統治」2000 年 3 月刊）を参照されたい。なお、阿部就任時の施政方針、阿部を迎えて行われた朝鮮総督府知事会議での挨拶文は 1944 年 8 月 20 日付朝日新聞北西鮮版に掲載されているが、朝鮮農政についての発言などに立ち入った発言はない。

(3)　この上奏文は外務省外交史料館資料を使用した。しかし、『昭和天皇実録』第 9 巻では阿部総督が「4 月 13 日午前 10 時 35 分から皇居御学問所に於いて朝鮮総督府総督阿部信行に謁を賜い奏上を受けられる」と記録されている。次の条には「午前 11 時 25 分、御文庫において宮内大臣松平恒雄に謁を賜い……」とあるので約 50 分近くにわたり天皇は阿部総督の話を聞いている。どのような話をしたかについては上奏文のような内容であったと思われる。天皇は朝鮮の敗戦直前の様子を阿部総督から聞いて知っていたのである。阿部は労働動員、農業政策の変更・食料生産、朝鮮人の徴兵など重要課題をまとめて説明していた。

(4)　樋口雄一『日本の植民地支配と朝鮮農民』（同成社、2010 年）135 ～ 174 頁。なお、阿部信行は陸軍大将、短期間の総理も経験したが朝鮮総督就任直前の公職は翼賛政治会総裁という立場であった。7 月 20 日に組閣の大命が朝鮮総督の小磯にあり、阿部就任内奏は 24 日に行われたので、阿部の総督拝命は 1944 年 7 月 24 日ということになる。

　　阿部は翌 25 日に就任挨拶をしている。なお、朝鮮総督就任以降の阿部の動向研究は進んでいない。

(5)　朝鮮総督府文書は 1945 年 8 月 16 日に朝鮮全土の行政機関・警察などに焼却命令が出され、朝鮮南部では焼却が始められた。総督府では文書課に勤務していた長田かな子氏が総督府 4 階から重要文書を投げ、焼却処分をしたと証

言されている。その後、再度焼却指令が出て、焼却されたとされている。しかし、朝鮮北部のソ連軍占領地の総督府官庁、警察では処分指令がなく、焼却については明らかでない。

(6) 拙著『日本の植民地支配と朝鮮農民』（同成社、2010年）146頁による。この水利不安全田と天水田を併せて50％の朝鮮の米作耕作地は豊凶を決定する要因であった。この天水田は旱害が少し継続するとたちまち凶作になる水田である。また、河川管理も十分ではなく大規模な水害も存在した。こうした条件もあったが農民にとって重要だったのは農民の食を支えていたのは天水田であり、日本でいう畑が天水田であった。なお、朝鮮では日本でいう水田は畓と書き、畑は田と表記している。本書では田を水田と表記し、畑は天水田、常習旱害田として表記する。

(7) 日本の朝鮮支配と米の生産と日本への移出は李ヒョンナン『植民地朝鮮の米と日本』（中央大学出版会、2015年）を参照されたい。

(8) 拙著『日本の植民地支配』（同成社、2010年）第3章「戦時末期朝鮮総督府の農政破綻」を参照されたい。

(9) 朝鮮総督府勧業模範場『所謂天水田の稲作に就いて』（昭和4年4月刊）、全38頁の小冊子である。

(10) 朝日新聞西部版・北西鮮版1944年11月5日付。

(11) 朝日新聞西部版1944年11月15日付、南鮮版・中鮮版16日付。

(12) 朝日新聞南鮮版1945年1月10日付。見出しは「第1に畑作」である。

第2節　緊急食糧増産対策要綱——内地第一主義——

戦時末の農政転換を実施する際に朝鮮総督府は要綱を発表している。朝農第1845号通達である。総督府が一貫して進めてきた天水田を朝鮮本来の畑作に戻すこと、水利不安全田を水稲畦立栽培法によって米作の増産を計る政策転換の実施に関する方針の基本通達である。この政策転換通達の総督府発表の原文は発見できていない。以下に使用する文章は、東洋拓殖株式会社（東拓）の関係文書の中にあるものである。要綱は複写の謄写版である。謄写で判読できない部分は修正されている[1]。

1　天水田の深刻な旱害と対策案

朝農1845号文書は1944年10月18日付けであるが、この要綱の背景にある農村の状況を確認しておきたい。東拓は、1944年8月5日付で、旱

害の深刻さについて「明年度天水田対策強化に関する件」という文書を作成している。この文書は伺い案として起案されたが、廃案とされたと記録されている。東拓内部の事情であるが、農業政策に関わることであり廃案とされたのであろう。当時の旱害状況の実情を描いていると考えられる。

「明年度天水田対策強化に関する件」および東拓農政担当者の提案担当者は、凶作が天水田に水稲を植え付けることに起因していることを指摘している。起案された8月5日という日付は、44年度の水稲植付限界の7月20日を経て、凶作が明らかになった直後に起案されていることを示す。この担当者は次のように危機感を持って主張している。

「朝鮮に於ける夏季雨量の偏在は近年益々激化の傾向を看取せられ年々大面積の不作地を残しつつあり　本年度に於いては7月20日現在全鮮77％、当社81％植付の稀有の不成績にてこれが当然の結果、昭和20米穀年度に於ける食糧不足は決戦突破上重大支障となるべく真に憂慮すべき状態に有之候処之が原因は勿論天候のもたらしおる所なりと雖も人為的側面に於ては

1　本府（総督府）農業計画に於ても当初より天候順調を基調としていること

2　しかして旱魃に対する事前策万全ならざること

等の点も指摘せられるべく、当社計画亦其の軌を一にするものと云うべし」。

社員による厳しい指摘である。

当面の対応も取り上げられており、概要としての提案は以下のような内容である。

本格的対策としては「明年度食糧確保政策」として「天水田面積の積極的縮小と共に主食糧たる本秋播き麦作並に明年度端境期前生産の早場米、雑穀の作付に重点を置くべき」と提案されている。しかし、小作人は小作料を取られない作物を植え、天水田には麦を植えず、麦を植えることを軽んじるものが多いとしている。麦は小作料と供出対象になっている作物で、収穫しても供出に出さなければならなかったのである。農民の生きる手立ての工夫であった。起案者の東拓職員は、降雨が7月10日までない場合、耕作をしない農民は土地を休耕させたが、こうした農民は「断固処罰する」ことが必要で、農民に「指導上の処罰」を加えることが適当で

あるとしている。さらに起案者は「現下朝鮮に於ける作付事情より来年度食糧事情こそは真に寒心に堪えないものあり」としている。「決戦」突破上天水田面積の縮小、食料作物の完全作つけを強行する以外の方法以外にないとしている。この指摘どおりに作付けを強行することが「解決の道」であるとのべているのである。

　こうした提案が東拓の職員から出されるほど不作は深刻であること、食糧事情も深刻であり、農民が指示どおりに動かないことなどの矛盾が東拓という会社によって経営されている農場でも認識されていたのである。この東拓起案文書から、1944年8月の時点で新たな政策の展開の必要が認識されていたことがわかる。8月の時点では起案は廃案とされたが、現実には総督府官僚も同様な認識をしており、それが具体化されたのが10月18日付の実施要綱であったといえよう。

2　旱魃水田に対する「緊急食糧増産対策要綱」

　この実施要項が、1944年10月19日付東拓朝鮮支社農務課長の庄田真次郎から農林課長の相良自助に出された朝農第1845号文書である。この文書には前文として、要綱が発表された理由を次のように述べている。

　「水利施設の不完全に基く旱抜に依り、年々多大な影響を蒙、相当面積の未植田、無収田を現出しつつある半島稲作の欠陥を是正し以て時局の要請する食糧増産確保の完璧を期さんが為今般総督府に於いて別紙の如き『旱魃田に対する緊急食糧増産対策要綱』を制定相成候間御諒知相成度御連絡候也」としている。

「緊急食糧増産対策要綱

　第1　方針
　決戦下食糧の緊急食糧増産を図る為左の要領に依り常習旱魃水田はこれを転換せしむると共にその他の旱魃水田に対しては乾稲栽培に改め代作を実施せしめ以て食糧対策に遺憾なきを期せんとす。

　第2　要領

甲　常習旱魃水田対策

  1　実施時期

    昭和 20 年 3 月末日迄に畑転換を完了するものとす

  2　実施面積

    実施照査の結果決定すべきも概ね実施目標面積 10 万町歩とし道別面積は別表の通りとす（別表略）

  3　実施方法

（1）転換地の選定

転換地の選定は田（畑・樋口注）として利用せしむるを適当と認むる常習旱魃水田に付き米穀生産高調査及□奨実態調査及既往の旱魃状況等を勘案し関係職員実地調査の上選定し之を邑面農村対策委員会に諮り決定すること

（2）転換地に対する措置

1.　耕地改善

転換地の実情に依り適切なる排水施設を為すの外畦畔（けいはん）を除去することとし之が作業は部落共同にて行うこと

2.　作物の選定並に耕地の高度利用

作物の種類は適地適作に則量的確保を期し得る如き食糧作物を選定すると共に耕地の高度利用の徹低を期すること

3.　種苗乾旋

所要種苗は道の計画の下に府郡島農会に於て乾旋すること

4.　肥料の配給

転換地の所用肥料の配給に附いては特に考慮すること

5.　□…□

□…□の各種作業は一定の計画の下に共同作業等に依り実施するを奨励すること

6.　小作料の決定

転換地に於ける小作料の種別、額又は率其の他の小作条件は府道に於ける小作慣行を勘案し決定すること

7.　地主の協力

　本施設に関しては特に関係地主をして積局的に協力、支援を為さしむる様指導すること

（3）指導及助成
　（1）転換地に対しては適当なる標示を為さしむる外府邑面に畑転換台帳を備附くること
　（2）転換地に対し労力の調整、農機具等所要生産資材の斡旋及適作物の□管理等に為し指導奨励を図ること
　（3）本事業実施に要する経費に対し予算の範囲内に於て排水施設並に種子代を助成し尚□…並に作付指導の為職員の増員を行うこと

（4）其の他
　（1）趣旨の普及及宣伝
　　本事業の実施に当りては各種宣伝機関の利用、座談会の開催等適宣の方法に依り趣旨の周知徹低を計ること
　（2）表彰
　　本事業の実施に対し功績顕著なる府邑面部落指導者に対し適宣表彰の途を講ずること

　乙　旱害水田対策
1　実施面積
　過去に於ける生育状況を考慮し実情に付き調査決定をすべきも其の目的を概ね21万町歩とし道別面積は別表の通りとす（別表略）
2　実施方法
（1）実施水田の選定
（2）米穀生産高調、農業実態及既報の旱魃状況等を勘案し同□職員実施調査の上選定すること
（3）作物の選定
　　従付慣行上土地其他の立地条件を勘案し乾稲又は代作物の種類の選定すること
（3）種子の乾旋〔ママ〕
　　所要種子は農家の手持状況を勘案し道の許可の下に府、郡、邑、面

農会に於て斡旋すること

(4)　作付及管理

(1)　乾稲、□稲　作付慣行なき地方に対しては栽培実施講習会を開催すると共に作付及管理の各種作付により実施するよう奨励すること

(2)　代作物の作付時期は其の作物の適期とし之を失せざるよう機敏な指導督励を加うること

(5)　代作の改作

(1)　改作用苗代

改作用苗代は部落毎に共同苗代を改作せしめ肥培管理に遺憾なきを期すること

(2)　改作時の決定

水稲作付限界内に適当の降雨ありたる時は府尹、郡守、島司に施行改作の可否を決定すること

尚、水稲作付限界は農業試験場と協議の上地域別に道に予め指示し置くこと

(3)　改作方法

改作は計画的指導の下に共同作成により実施すること

(4)　改作せざる場合の処置

改作せざることに決定したる時は速に苗代を耕起して本通とすると共に代作水田に対しては本格的排水溝を設置せしめ其の肥培管理に遺憾なきを期すること

(5)　小作料の決定

代作を為したる場合に於ても適宜小作料を徴収せしむること

　　地主の協力

関係地主をして積極的に協力せしむること

(6)　助成

本事業に要する経費に対し指導の範囲内に於いて共同苗代設置費乾稲栽培費（講習会費・種子代）並に代作種子代を助成すること

(7)　其の他

代作の作付を為さざる者に対しては臨時農地管理令の適用に依り適宜の措置を講ずること

　　付記　甲の実施に就ては直に着手するものとし　乙の実施に就ては追
　　　て本府より指示するものとす」

　この要綱は急に決められ、実際にどの程度取り組まれたのかということ
についての資料は発見されていない。新聞などで部分的に確認できる程度
である。[2]
　甲の常習旱魃水田の第1の疑念は、植付に適当な降雨があった場合は水
田として使用する方が、地主にとっては小作料が高くなり、雑穀を植える
より収入が多いので、実際は水田として使用されたと思われることである。
1945年の水稲植付は降雨が順調にあり、植付限界の7月20日には南部穀
倉地では100％近くが植付を終了しているのである（35頁、表1）。
　第2には、種子・肥料が農家に供給されたのか、実積を示す資料がない。
肥料はほとんど入手できないのが戦時下農家の問題であり、自給肥料の生
産が課題となり、各地農家で肥料用の草刈りなどが奨励されていたのであ
る。雑穀の種子も当局の保存に頼る場合が多く、対象市域に配布できたか
どうかは不明である。
　第3には、新たに改作するには新たな労働力を充当しなければならず、
この時期、都市や軍事施設の労賃が高騰している中で、それまでと同様な
形で作業ができたかは疑問である。
　第4には、農具は小作農の中には所持していない農家もあり、戦時下に
は鉄が不足し補修も困難であった。朝鮮農具の生産は大半が日本国内の企
業が行い、日本内も鉄不足であった。寺の鐘だけでなく、学校の窓のレー
ルは鉄であったが鉄を竹に替えるように指導されるほどであった。朝鮮で
も家庭で使う食器（ユギ）は銅製であったが、すべて供出させられ陶器か
木製に替えられていた。
　第5に畑地転換は45年3月末までに行うとしているが、畑地への適当
な植付は品種により違い、どのような作物を植えたのか、収穫の品種・量
などは明らかでない。
　更に当時の食糧不足から10万町歩の畑作化だけでは食糧の補充には十
分でなく、畑作化ができなかった地域では畑作化した土地での作物の配布・
食料としての消費につながることは難しかったと思われる。
　乙の旱害水田対策について、降雨があれば水田に対する水稲畦立栽培に

ついては中止し、降雨に依拠して対応を実施するとしていることである。最大の隘路として、降雨の状況を見てというのは7月20日の植付限界を見てからということであると思われるが、要綱には7月20日以降に降雨がない場合の対応などがないのである。さらに、対象面積は21万町歩と広大であり、この栽培法は高橋昇の提唱する水稲畦立栽培法で講習会が必要であり、対応ができる可能性が少ない場合があったと思われる。この栽培法は畦を高くするのが特徴であり、農具をより必要とするものであった。8月15日の敗戦も近く、有効であったかどうかは不明である。

まとめ──食糧の内地第一主義の中で──

この要綱に基づき、具体的に常習旱魃天水田の畑作化と水稲畦立栽培法の適用の実施準備が進められていった。付記や新聞記事にあるように、農民の食糧として米以外の「雑穀」が春窮期（2月～6月に麦の収穫があるまで）を迎える農民にとり重要であり、総督府もこの間の食糧を補給をするための作物を先に見た「要綱」に基づき進めていたのである。1944年には満洲からの「大豆粕」などの食糧移入も途絶えがちになり、朝鮮内の食糧事情は深刻さを増していた。朝鮮における食糧事情は帝国の食糧政策によって左右された。朝鮮農民の食糧不足よりも帝国としての食糧政策が重要であり、朝鮮産の米を日本に移出することが優先であった。食料の内地第一主義であったといえる。1945年5月2日、朝鮮総督府政務総監・遠藤柳作は、内務次官・灘尾弘吉に食糧問題について電報を送り、以下のように朝鮮内の事情を説明している。

「次官　管理局長外の印あり
　　電報訳文（20.5.2）
　　灘尾内務次官宛(4)

朝鮮　遠藤政務総監(5)

現下戦局の推移に伴い内地の食料事情に協力する為朝鮮としても米の実収減及び鮮内の食料事情に拘わらず内地第一主義により曩に移出米の緊急増送を計画し5月中に移出米の還送を必期すべく目下鋭意実行中にして4

31

月22日現在港頭滞貨は40万石を突破し居る次第なるが曩に電せる如く本年産麦は冬季間近年稀なる寒気と催青期に於ける激害の為極めて憂慮すべき状況にして忠清南北の如き漸く二分乃至三分作を予想せらるるに過ぎず唯一の食糧とする農村の食糧不安は春窮期に当面し深刻化しつつあるに加え、一方満洲雑穀の輸入状況は豫ての御配慮にも係わらず3月末現在計画241千頓に対し実績は実績は119千頓にして50%に過ぎず4月に入りての輸入は従来に比し稍々好転せるも尚4月分改革の輸入も困難視せらるる状況にして之が輸入不振は前述の麦作不良による農村の食糧不安に拍車し現情を以て推移せば折角順調に進捗しつつある移出米緊急増送にも影響する處濃厚なるに付き右御含みの上遅くも5、6月中に残量の輸入を完了するよう特段の御配意を乞うと共に之が緩和策として差当り内地向け満洲雑穀にして目下鮮内の滞貨中より所要量を鮮内に振替方特に御配意を乞ふ」。

　朝鮮内の食料事情は深刻化しているが「内地第一主義」により朝鮮人には満洲雑穀という大豆粕、以前は肥料として朝鮮農村で使われていた大豆粕を朝鮮で配給していた。この大豆粕が「満洲」から届かないので朝鮮に滞貨されていた「内地」向けの雑穀を使いたいと、総督府の遠藤政務総監が日本の本省灘尾内務次官に伺いを立てているのである。朝鮮農民が食べずに供出した米はあくまで日本に送るとしている。この頃は日本への船舶は途絶に近い状態で、朝鮮産米の輸送もできず、滞貨となっていた。さきに見たように供出のために食べることができない農民が自殺しているなかでの「内地第一主義」であったのである。これが農政転換の本質であった。基本的には朝鮮農民の食料の窮迫は問題とされず、朝鮮内での内地移送用の米の滞貨には手を付けず、満洲産大豆からの油の搾り粕の大豆粕を朝鮮農民に配給するための電文のやり取りであった。朝鮮人の処遇改善などは名目的で、肝心の米は朝鮮内農民に配布するより、日本への移送を優先していたのである。上記電文はこのような「内地第一主義」の実証である[6]。

　なお電文の往復は、通常は農商局長から本省の管理局長宛ての文書が主であるが、ここでは総督府政務総監から本省内務次官宛てとなっている。

　またこの資料によれば、1945年度は朝鮮では降雨に恵まれ98%が植付がすんでいる。豊作が予想されたが8月15日に日本は降伏した。解放後の食糧事情にも多大な影響を与えたので豊作・凶作の最終判断をする7月

20日の植付状況を参考資料として掲載しておきたい。

参考資料

表1　「１９４５年７月２０日現在水稲植付状況

道名	植付予定面積 （町）	植付済面積 （町）	同上割合（割）	前年同期 （割　昭19）	前5ケ年平均
京畿道	180.530.0	180.530.0	10.00	7.48	8.27
忠清北道	59.805.5	59.805.5	10.00	6.59	8.49
忠清南道	142.129.3	142.129.3	10.00	5.25	8.01
全羅北道	151.127.8	151.127.8	10.00	7.23	8.80
全羅南道	178.052.5	178.052.5	10.00	7.04	8.40
慶尚北道	156.222.4	156.222.4	10.00	4.21	7.92
慶尚南道	144.615.7	143.054.0	9.89	7.61	8.46
黄海道	144.024.2	133.749.1	9.40	9.39	9.50
平安南道	77.167.1	62.447.5	8.35	9.60	9.36
平安北道	91.642.7	91.647.7	10.00	10.00	86.6
江原道	83.656.3	83.656.3	10.00	9.32	9.26
咸鏡南道	64.722.3	62.755.7	9.70	9.86	9.47
咸鏡北道	17.873.3	16.830.1	9.41	10.00	9.76
合　計	1.491.369.3	1.463.989.9	9.82	7.71	8.88

＊ 1945年7月27日付　朝鮮総督府農務局長から内務省管理局長宛て文書で先に
　電文で報告されている。これを文章化している部分からの引用である。敗戦
　直前までこうした報告がされていた。

＊一部不鮮明部分があり、植付予定面積は一定であるので他の資料で確認できた
　が、確認できなかった部分がある。タイプ文書である。

＊この文書にあるのは米についてのみであり、麦その他の作物概要は報告されて
　いない。米の大半は軍用・重要産業に回されたと思われる。米以外の麦・大
　豆・粟・トウモロコシなどの作況は、この時期には麦を除けば収穫期ではなく、
　この年の収穫量は明らかでない。

＊この時点では豊作といえようが、1945年秋の収穫期の秋には気象状況が悪かっ
　たともいわれている。この点は確認できない。解放後の食糧事情は明らかで
　ない。朝鮮総督府文書の作況報告としては最後の公電文書であると思われる。

(1)　東洋拓殖株式会社資料目録　1873『土地関係及殖産関係』資料にある「朝農
　　103号　昭和20年1月29日付　朝鮮支社農業課長庄田眞次朗発　鮮内各支店
　　長宛て文書」である。掲載した資料は、この関係文書を基にしている。今の
　　ところ総督府が各道に通達した文書は発見できていない。ここでは国立公文
　　書館筑波分館蔵の東洋拓殖株式会社文書（以下東拓文書とする）は追加・

関係説明文書が含まれており、ここでは追加文書も参照・利用した。

(2) なお、この要綱中□□で示した部分は東拓資料では判読できなかった部分である。

(3) 水稲畦立栽培法を提案し実施指導を試行したのは高橋昇である。高橋昇（1892年生〜1946年7月没）　東京帝国大学農科大学卒、朝鮮総督府西鮮支場長、1946年5月福岡県八女市で没した。『朝鮮半島の農法と農民』（未来社）ほかの著作がある。畦立栽培法については高橋昇が提案し、実施指導を行っている。柳沢みどり・高橋幸四郎が編集した高橋昇『稲作の歴史的発展過程』（2006年、編者刊）が参考となる。

(4) 灘尾弘吉（1899年12月生〜1994年1月没）　広島県大柿町出身。敗戦時内務次官、敗戦後衆議院議員、厚生大臣・文部大臣などを歴任。

(5) 遠藤柳作（1886年3月生〜1963年9月没）　埼玉県幸手町出身。1910年朝鮮総督府勤務、1928年退官、同年衆議院議員、1939年阿部信行内閣書記官長、1944年8月朝鮮総督府政務総監。1946年〜1951年公職追放、1955年参議院議員当選。

(6) 『本邦農業政策並法規関係雑件——農作物作柄状況——』（昭和20年食糧関係公文書1）による。この資料の中には「満洲」からの雑穀移入と朝鮮からの日本への米の移出、朝鮮内の米の植え付け状況、稲の生育状況が詳細に本省に報告されている。報告は電文であるが浄書されており、米の植付限界である7月20日までの植付状況が報告されている。

第3節　1945年植民地支配最後の米穀供出対策要綱
——全農民の64%が収穫全量供出——

1　全量供出対策要綱

1944年度米の実収高は1605万1879石であった。朝鮮総督府農商局長が内務省管理局長に提出したマル秘印のある公文書に記録されている。1945年6月5日付文書である。

この数字をもって収穫高は正式なものとなった。1944年秋に収穫し、刈り取り、供出を行い、各道別・郡・邑・里など行政毎に収穫量を取りまとめた公式の数字である。この結果を受けて次年度、すなわち1945年度産米の供出をどう実施するか、方針を確定するために作成されたのが「米穀供出対策要綱」である。要点は、朝鮮農民にどのように供出をさせるか、

朝鮮農民に了解させるか、という課題を解決するために作成されたものであることである。なぜ、こうした要綱が作成される必要があったのかについては、要綱にも示されているが、第1の要因として1942年からの3年連続の凶作がある。表2（42頁）にあるように、平年作の1940年と41年度と比較すると、数百万石の減収になっていたのである。なお1939年度はそれまでにない大旱害があり、帝国全体の米不足につながっていた。なお、この1939年大旱害については、拙著『戦時下朝鮮の農民生活誌』補論1「1939年の大旱害」（社会評論社、1998年刊）を参照されたい。

　この3年連続の凶作下でも、総督府は農民からの強制供出を一方的に継続していた。むしろ、米不足は深刻化させていたのである。主に軍用米の不足が背景となり収奪が深刻化していた。また、米の輸送手段である貨物船舶は、連合国軍の潜水艦による攻撃にあい、船舶不足は米の流通を阻害していた。朝鮮と日本の海上交通は、大型鉄船はなくなり、大半は急造された木造船になり、船舶は減少の一途をたどっていた。朝鮮内では鉄道輸送も滞貨が問題視されていた。米を生産している農民が米を食べられる期間は、米ができて供出される間の短期間にすぎず、その短い期間に農民の子どもは米の弁当を持ち、学校へ行ったとされている。供出後は再び満洲大豆粕・雑穀が中心の食事となり、春2月から6月の麦ができるまでの間は春窮期の期間になり、小作農の大半が1日2食で過ごさなければならなかった。離村する農民も多くなり、離村して都市に移動した農民は戦時下の労働力不足下に土木工事、工場、軍関係工事で働くことができた。彼らは統制賃金を上回る賃金で雇われ、彼らを称して「高額所得層」として全朝鮮で当局から預金を呼びかけられている。預金は日本などでの強制動員労働者の送金から3割が、農民は供出代金の全額預金とされ、給与も預金され、愛国班でも預金金額が競争で預金するようになっていた。インフレが進行し、当局は防止に努めなければならなかった。

　なお、これ以上に当局を当惑させていたのは農民の抵抗である。この要綱ではこれを危険な動きとして深刻に受け止めている。以下の要綱の中心は、当局が支えきれないような農民の動向を感知していた文章になっている。添付されている説明文では「最近の農村情勢は茲両三年来の相次ぐ凶作に依り供出に対する農民の負担漸く過重となり却って農民の増産意欲減殺せしめる處なしとせざる実情ありたるを以て」供出方法を「改訂」する

としている。なお、1944 年度の朝鮮の米実収高は前述したとおり、1605 万 1879 石である。

　以下に要綱の全文を紹介しておきたい。

「昭和 20 年 5 月 19 日

朝鮮総督府　農務局長

　内務省　管理局長殿

米穀供出対策要綱送付の件

　主要食糧の増産及供出の確保に付ては現下の食糧事情に鑑み之が完遂を図る要極めて緊切なるものある処最近に於ける農村の情勢は茲両三年来の相次ぐ凶作に依り供出に対する農民の負担漸く過重となり却って農民の増産意欲を減殺せしむる処なしとせざる実情にありたるを以て本年産米の供出に付いては之が方法を改訂し別紙要綱に依ることと決定せられたるに付参考迄通報す

米穀供出対策要綱

　主要食糧の確保を図り農民の増産意欲を振起せしむる為現下の情勢に鑑み米穀供出数量の割当及供出方法に関し左記措置を講じ以て大東亜戦下食糧対策の完遂を期せんとす

記

1　本府は各道の米穀の生産数量、供出実績及農家食糧所要量等を勘案し各道に対し米穀供出数量の事前割当を為すものとす

2　右事前割当数量決定の帰準たる米穀生産数量は最近の土地改良事業進捗状況及肥料事情等を勘案し格段の災害無き限り十分生産可能と認めらるる数量（以下米穀供出基準生産数量と称す）に依る

3　各種の供出割当数量は事前割当終了に依ることとするも格段なる災害に依り著しく減収ありたる場合は之が減収を考慮するものとす

4　道は事前割当数量の確保を期するものとし能ふ限り左の諸点に留意し府郡島以下に割当を為すものとす

　（1）小作米は全部供出せしむることとし地主に対し割当つると共に小作人に通知するものとす　但し5項（1）の保有米に付ては此の限に

36

　　在らざるものとす

　(2)　割当総数量より小作米を除きたる数量はこれを自作農及小作農に
　　　割当つることとするも耕作面積3反歩以下の零細農家に対しては可
　　　成割当を為さず自給自足せしむる様措置するものとす

　(3)　農家保有量の決定に際しては単に家族数に依る消費量割当に依る
　　　ことなく耕地面積（主として自作農）又は収穫高（主として小作農）
　　　を考慮すると共に麦雑穀等の保有量、牛、馬飼育の有無をも考慮し
　　　生産者の営農努力の結果を尊重する効果を挙げ得るか如き方法を採
　　　ること

5　米穀供出の円滑、適正ならしむる為左の措置を講ずるものとす

　(1)　地主（農場管理関係者を含む）をして食糧増産に積極的に協力せ
　　　しむる為1人1日当3合程度の自家用米保有を認むるものとす　但
　　　し不在地主に付いては自家用米保有を認めず一般人と同様基準に依
　　　る配給を為すものとす

　　　　農場等の常備労務者に対する食糧配給に付ては別途考慮するもの
　　　とす

　(2)　供出完了後に於ては当該完了道（府邑郡面）内に於ける農家保有
　　　量の相互調整に資する為或る程度の自由処分を認め隣保相助を勧奨
　　　するものとす

　(3)　100％以上の供出者に対しては能う限り物資の特配を行うものとす

　(4)　予想収穫高の決定に付ては公正適格を期する為農業増産本部を活
　　　用するものとす　」

　以上のように要綱ではまとめている。要綱のいくつかの問題点を挙げて
おきたい。

　要綱の1によれば、基本的には総督府が各道に事前に割り当て供出量を
決めるとしている。「米穀供出事前割当数量」を道に示し、それに従うよ
うに命令しているのである。

　これは当然のように見えるが、割り当てられた道は郡・邑・面に割り当
てを行うことを前提としている。割り当てられた各行政機関はそれぞれ下
部組織に割り当て、最終的には個別の農家に割り当てられていた。末端で
は里の区長が責任を持ち農家に割り当てていた。この過程で問題となるの

は、供出量を達成するために道から面に至るまで競争で割り当て達成率を競わせたことである。これと同じような方式は、預金率を各機関で達成させるよう競争させた手法がある。行政の下部に行くほど達成率が問われることになる。64〜65頁の、区長が自殺するような状態に追い込まれたのである。これにより農民の側から見ると厳しい割り当てと取り立てが行われることとなった。これが総督府の要綱の第1に掲げられた方法の狙いであり、供出できない場合、農民は家宅捜査まで行われ、暴力を伴なう強制的供出をさせられたのである。これが要綱の本質的狙いであった。

　要綱の4（2）によれば、耕作面積3反歩以下の「零細農家」にはなるべく供出割り当てをしないように指示している。供出しないでもよいと指示しているのである。日本では五反百姓といい、最も貧しい農民の代名詞である。しかしながら反当たりの収量は日本は朝鮮の倍程度であり、すなわち生産性からいえば5反程度の農地で倍程度の収穫があったのである。朝鮮の場合は3反歩では食糧の自給ができないばかりではなく不足し、農家の手伝い、あるいは労働者として働いて穀物を購入しなければならない人々であった。朝鮮農村には年間を通じて雇われる年雇用・モスム、多忙な時に雇われる季節雇用者・セモスム、臨時に雇われる雇只・コジなどと呼ばれる人々がいた。農村に1割程度いたと思われる。こうした人々は3反歩以下の農地では生活ができず、労働に頼る生活であり、こうした供出をできない農家に穀物の代わりに配給された満洲大豆粕も、どの程度配給されたのかを示す資料は見つけられていない。3反以下の農家は米を生産するより消費する存在として認識され、小作専従労働者として位置づけられていたとも思われる。なお、戦時下に都市、軍事労働要員としての労働力需要があり、農村からの移動が多くなっていたことなども反映していたことを検証すべきであろう。

　要綱の5（2）が「農家保有量の相互調整に資する為ある程度の自由処分を認め隣保相助を勧奨するものとす」としていることについては、供出を強化する必要から、米などの生活物資の他地域への移動を禁止して邑・面・境界に監視員が出て、米の移動を監視することまで実施していた。親族間の米の受け渡しもできにくくなっていた。米のすべてを総督府が吸い上げ日本に送るためであったが、この時点では鉄道の各駅には米が滞貨として積み上げられていたのである。海も安全には渡れず、輸送は困難であっ

た。この要綱が制定された5月の時点では、日本への強制動員労働者の輸送もできていなかったと思われる。こうした状態を総督府は認識していたが、勝利できるという見解を捨てきれずにおり、小規模な農村の物資・米の流通を認めることとしたと思われる。全体的に物資の流通が止まると社会機能の保全ができなくなることを恐れていたと思われる。

　ここに取り上げた諸点はいずれも農民の大半を占めていた小作人に対する「配慮」ともとれる条項である。それだけに3年連続の凶作が農民負担が大きくなっている反映で、農民の動向に配慮せざるをえなかった要綱であったと評価できよう。

　こうした「配慮」をしながらも、日本政府からの朝鮮米の移入増量要求は強く、農民の大半を占める小作農家に対するすべての「全量」供出が要求されたのである。

2　小作農家からの全量供出の決定

　供出割り当ては各農家にいたるまで厳格に行われていたが、最大の特徴は小作米は生産された全量を供出することが要綱で決められていることである。以下のように朝鮮農家戸数に占める自小作・小自作・小作農の占める比率の高さがあり、それが農家の中心になっていたのである。

　朝鮮の農家戸数の自小作別農家は次頁表2のとおりとなる。1943年12月末現在の数字である。

　本表に示されている表の農家総戸数304万2305戸のうち、全量供出をさせるという小作農が占める割合は兼業・専業を合わせて48%になる。ほぼ半数の農家が小作米の全量を供出しなければならないという要綱なのである。これに小自作農（小作地が自作地より多い農家）16%と、自小作農（小作地が自作地より少ない農家）17%の半数が小作米とすれば、少なくとも約16%が小作地から収穫される全量を供出することになる。48%＋16%＝64%の人々が、収穫の全量を供出せよとされているのである。この供出は各農家に割り当てられていたが、この割り当てをすると農家の64%の人は食糧が欠乏することになる。この代わりに配給されたのが大豆の油を搾った後の粕であった。この要綱には書かれていないが、供出は警察官・供出督励員・面邑の職員が各農家を回って督促し、米の隠匿が判明

表2　自小作別農家戸数と総数に対する割合

自作			
専業	兼業	合計	総数に対する割合
486.914	48.191	491.733	16%
自小作			
専業	兼業		
473.449	45.638	519.087	17%
小自作			
専業	兼業		
439.165	44.292	483.457	16%
小作			
専業	兼業		
1.347.571	109.681	1.457.252	48%
その他			
専業	兼業		
34.497	12.907	47.404	2%
専業計	兼業計		
2.781.596	260.709		
農家総戸数	3.042.305		

＊この表は「農業要員制度関する件」1945年2月2日付文書から作成した。この表は1944年2月完了の農業実態調査結果から作成したとされているが、若干の差があるとされている。外務省外交史料館資料E237から引用した。

すると暴力を伴なう収奪が行われた（66頁、表8参照）。

　この要綱は1945年度米の収穫時の要綱であり、1945年8月には朝鮮は解放されていたのでこの要綱が使われることはなかったが、基本的には小作農に対する全量供出は1944年度も実施されており、こうした要綱が朝鮮農民の深刻な食糧不足の背景に存在したことを示している。

　ここで改めて要綱を紹介したのは、これが総督府公文書、すなわち日本の植民地支配行政機関の公文書として朝鮮人小作人に対する全量供出を指示している文書であり、日本当局の朝鮮人に対する処遇を明らかにしているものであり、すなわち植民地支配の苛酷な内実を示している証拠文書であるからである。

　なお、本資料では戦時下の朝鮮の3年連続の凶作状況を掲載している。この凶作下に主要食糧の全量供出を命じているのである。証拠文書として紹介しておきたい。資料では予想収穫高、実収高、その増減、比率などがあるが、わかりやすくするために実収高のみを1939年〜1944年の6年間

の実収高を一覧として作成した。この数字はこの時期の資料としてすでに見られるもので、新しいものではない。ここで改めて掲載するのは 1942 年〜 1944 年までの凶作の被害が、農民、特に小作農民に大きな苦難をもたらしていたからである。表に見られるように 1939 年の被害が最大である。旱害という自然災害であったが、1942 年〜 1944 年の連続した災害を大きくしたのは総督府の天水田（雨水）のみに頼る田に総督府農政として米を植えさせていたからである。本来であれば、そこには麦・粟・ヒエなどが植えられて春窮期（端境期）を乗り越えてきた。天水田を米の単作地とした総督府農政があり、戦時下の苦難を増幅させていたのである。戦時統制・労働動員などに加えて食糧危機下に置かれていたのが阿部総督下の朝鮮農村であった。この表はそれを示す総督府作成資料である。しかし、3 年連続の凶作下の朝鮮農民生活、特に農民の半数以上を占めた小作農民の衣食住などの状況は明らかにされていない。阿部総督は一部政策変更をしたものの朝鮮人農民の動向・生活実態には基づいてはいないと思われる。

表 3　戦時植民地下の米の収穫高と 3 年連続凶作実態数

年次	実収高 （単位石）
昭和 14 年	14.355.793
昭和 15 年	21.527.393
昭和 16 年	24.885.642
昭和 17 年	15.687.578　　以下凶作年
昭和 18 年	18.718.940
昭和 19 年	16.051.879

＊前掲『本邦農産物関係雑件　農産物作柄状況　外地関係』1945 年　外務省外交史料館蔵　E-236 による。資料の年代は資料のママとした。

＊なお、朝鮮における戦時末の農業計画の基本は 1943 年 6 月に計画された朝鮮総督府『朝鮮農業計画要綱——朝鮮農業計画実施要目——』が基本になっていると思われる。この計画には農業全体の計画が示され、具体的には 1945 年に実現した日本人嚮導農家の導入はこの計画にあり、具体的には 45 年の敗戦直前に山形県から導入されている。この嚮導農家の帰国後の関係資料は山形県立図書館に所蔵されている。

第4節　3年連続の凶作記録——1944年度を中心に——

1　朝鮮の凶作

　1942年〜44年までの3年連続の凶作は朝鮮農民に極めて大きな被害を与えていた。凶作下の農民の様子は不十分ながら様々に記録されてきた。旱害記録だけではなく、水害記録もある。しかしながら凶作の原因となる気温・雨量などの気象条件が変化して3年連続の凶作となったのである。それまでは気候変動を主因として凶作となることが多かった。朝鮮農民はそのたびに天水田に陸稲・麦・豆・芋などを植えて自然災害に備えていた。朝鮮で米の収穫が2000万石を下回ったのは1928年から1944年までの間では1928年、1929年が平均から70％台の不作、1939年度が67％の大旱害、1940年と41年が平年作であったが1942年が73％、1943年が87％、1944年が75％であり、平均では2152万7052石であり、1942〜44年が深刻な不作であったことがわかる。[(1)(2)]

2　朝鮮農政の政策変更

　3年連続の凶作による深刻な状況が朝鮮全体に生まれていた。食糧事情が極端に悪くなっていたのである。同時に日本からは米の移入要求が強くなっていた。日本でも食糧不足になり解決が要求されていたのである。こうした中で朝鮮では1942年と43年には凶作になり、44年には回復すると思われていたが、1944年度も連続して凶作になった。凶作は構造的な問題であり、改革の提案が東拓農場からも出されるようになっていた。こうした背景があり、総督府も改革を志向せざるを得なくなった。当局は水田耕地の半分を占める天水田への稲作を改めて一部を畑作地として認め、麦・トウモロコシ・サツマイモなどを耕作させ、農民の食糧問題を解決させようとした。これを解決しなければ深刻な食糧事情を解決できないと認めたのである。これが総督府が選択した解決方法であった。

　この政策変更は天皇に上奏文として報告されている。本資料はその実施報告である。朝鮮総督府農政は朝鮮を植民地として以降、米の生産を第一

として生産拡大を図るために、水利がなく雨水のみに頼る「天水田」にも稲作を植えさせ、米を増産させようとした。しかし、雨の少ない年もあり、「天水田」の稲作は凶作となり、朝鮮全体の米生産量を減少させることとなった。それまでは天水田では麦・豆・トウモロコシ・サツマイモなどが植えられ、自然災害があるとその収穫で飢えをしのぐことができたし、畑作地の小作料は２割ほど安くする慣行があった。そのような天水田に水稲を植えさせたのである。1942年〜1944年までは雨水が少なく、天水田の収穫量は減少し、３年連続の凶作になり農民の食事情は困難をきわめることとなった。満洲からの大豆から油を搾った後の粉の食料すら朝鮮に移入が滞ることが多くなり、農民の食の保障ができないという状況になり、これが総督府に政策変更を迫ったのであった。総督府は日本の支配以前の天水田には米ではなく旧来の麦・芋などを植えさせる政策に変更したのである。植民地農政の失敗であった。この政策変更は1944年秋に発表され、天水田への麦・サツマイモなどの一部転作は実施する政策が計画された。この畑作地への変更には、新たに作物に合う肥料が必要になった。

3　戦時下の肥料状況

農業にとり肥料の有無は収穫に影響し、肥料の多少は収穫の２割ほどになるといわれている。特に化学肥料の影響が大きく、その適切な量が必要とされていた。先に揚げた外務省資料 E-23 を使用して、農業用の肥料消費量を紹介しておきたい。

表4　最近６ケ年間に於ける作物別肥料消費高　　　　単位　匁

			1938	1939	1940	1941	1942	1943 年
稲	反当	窒素	1.126	1,034	1,015	1,176	914	674
		燐酸	442	365	345	210	109	36
麦	反当	窒素	634	559	600	578	485	477
		燐酸	282	409	298	128	082	087

＊年度ごとの作付面積は記載されているが省略した。

＊年代はいずれも肥料年度

＊他の作物もあるが省略した。他の作物は1943年度は記入されていない事例が多い。

　資料の表題は「最近6ヶ年間に於ける作物別肥料消費高」である（表1）。この統計は作物別に集計されており、ここでは主要農産物である米と麦に限り紹介しておきたい。また、施用量と反当に分けて集計されているが、ここでは反当肥料のみを紹介する。

　本表からは、1938年度から科学肥料の使用が一貫して減少していることが読み取れる。1944年〜45年は記入されていない。なお、これら科学肥料は軍事転用されるため、激減されるようになったと思われる。

　また、これらの肥料は農業用に使用された場合、農地に対し均等に配布されたのではなく、朝鮮最大地主である東洋拓殖株式会社、日本人地主、朝鮮人地主を中心に配布されたと思われる。小作農民が独自な判断で肥料を購入することはできず、高価であり、地主が購入して小作人に配布した場合には費用は小作人が支払い、ために小作人は独自に使用はできなかったと思われる。さらに、肥料は水利のある水利安全田で使用され、そうした水田を所有していたのは自作農が中心であったと思われる。

　こうして肥料生産と使用が減少すると、生産される穀物が減少するために総督府は農民に「自給肥料」の生産と使用を強制した。農民が草刈りをして堆肥を造らされたのである。朝鮮人農民は伝統的に人糞、尿などを大切に保存し、堆肥として使用していたが、これを改めて推奨したにすぎなかった。この草刈りは競争させられ、郡・邑単位でも実施されていた。

　さらに、肥料生産が奨励され、全国的な運動として取り組まれた事例として挙げておく。化学肥料が不足し、国民総力朝鮮連盟では1943年7月1日から4ヶ月にわたり「乾草及び堆肥増産運動」を行い、8月13〜14日に「全鮮草刈り競技大会」を開催することになり、要綱が定められ、実際に行われたと思われる。すでに、化学肥料が不足し草刈りをして補おうとしていたのである。[3]

　農村では、こうした肥料不足を補わなければならない事態が新たに発生し、対応しなければならなくなっていた。それは労働力不足であった。

　日本の朝鮮人労働力動員は、兵士としての動員が1944年から第1回と第2回の徴兵で36万人、日本語が全くできない人を勤務兵としてほぼ同数と思われる人数を動員し、朝鮮内や日本にまで船舶兵、農耕隊などとして動員し組織化していたのである。1944年の日本への強制動員は33万人にも達していたので、これに限っても100万人以上が動員されていたので

ある。それまでにも朝鮮人の満洲移民は農村に割り当てられ、それは家族単位で動員されていた。しかし、これは毎年募集しても定員に達していなかった。1945年度の、日本の総督府に対する強制動員要求は100万人とされているが、1945年4月末までは交渉中とされている。朝鮮内でも朝鮮人労働力が不足していたのである。これに対する政策が、朝鮮人農民を土地に拘束しておくために総督府が考えた、農業要員制度の実施であった。

なお、ここでは戦時下朝鮮の自給肥料を取り上げたが、朝鮮総督府農事試験場ではパンフレット『朝鮮に於ける自給肥料』を1933年から刊行し、その後1936年までに8版を重ねている。内容は各種自給飼料の作成、使用法などが詳細に書かれている。しかし、これは日本語で書かれており、朝鮮人農民は読むことができず、日本人植民者・地方の職員などが読めたにすぎない。

肥料問題と同時に、経験のある農業要員の確保なくして生産増加が課題となっていたのである。

4　戦時農業要員の設置

朝鮮でも農民・農業労働者が不足し、生産が危ぶまれると学生などを農作業に動員し補充していたが十分ではなかった。農業は専門知識と経験が必要であり、これを確保をせざるを得ないような農村の状況があった。

農業要員の設置は先の外務省外交史料館蔵の「本邦農産関係雑件　農作物作柄状況　外地関係」資料E-238に含まれている。この農業要員制度については、就任したばかりの遠藤柳作政務総監名で1944年9月1日付で各道知事あてに「農業要員設置に関する件」が通達されている。したがってこの案は、遠藤の就任以前に検討され、新任の総監名で出されたと思われる。総監により出された要員についての談話では、「要員設置の本旨とする所は前言致しました通最小限度の必要人員を農村に確保し之を中核体として重要農産物の画期的増産を必期せんとする意図によるものであります」とのべている。「農業要員設置要綱」の方針は以下の内容を紹介しておきたい。

「一　方針

　食糧其の他戦時重要農産物の画期的増産を必期せんが為には部落に於ける中堅農家並びに之が指導に当たるべき農業関係指導者の充実確保を図ること緊要なる処近時農村労務は他部門への供出強化並に他産業への自由転出等により減退の一途を辿り又指導部面に於いても一層陣容の整備充実を期するの要あるを以て本要綱に依り農業要員を設置し質的に優良なる農家及び指導者を農業部門に確保し農産物の速急増産の要請に応えんとす。

二　要綱
1　農業要員指定の範囲
（イ）純農家の経営主　精農家及びその家族　農業増産実践員　指導者・面職員・農会職員などの常置技術職員・農業学校農民道場在学者。純農家とは世帯員中に農業以外の職に付くものがいないこと　賃労働者を含まないこと
（ロ）精農家とその家族（1名）　邑・面の平均反別以上の耕作者を言い、平均収量の3割以上の収穫をしていること
（ハ）農業増産実践員（1部落に2名）
（ニ）指導者（道〜面　農会　水利組合の職員　農場職員　農場職員（50町歩以上））で常置技術職員に限る
（ホ）農業学校　農民道場在学中のもの
2　農業要員の指定
　府尹、郡守、島司の内申で道知事が指定
3　農業要員に対する措置
（イ）農業要員は国民徴用令に依る徴用、及、一般労務者の斡旋より除外するものとす
（ロ）農業要員中離農の統制に関しては別途適宜措置を講ずるものとす
4　その他
（イ）要員選考の為府郡島に選考委員会を設置すること　委員は府郡島及警察署の幹部及関係邑面長とすること
（ロ）農業要員の数については本府と協議の上決定すること
（ハ）府郡島は農業要員台帳を備付け適時之を整理すること　」

　さらに戦時農業要員指定すべき精農家数、農業増産実践員数が挙げられ

ている。こうした基礎資料を基に方針に示される「農村労務は他部門への供出強化他産業への自由転出等」で「減退の一途を辿り」としているように、農村から働き手が流出していたのである。朝鮮内では軍事工事が増大し、済州島には連合国軍が上陸すると予想し、大量の労働者が軍人以外にも土木工事に動員されていた。朝鮮内での労働者の賃金が高額になり、統制賃金の倍も支払われることもあり、朝鮮の都市を中心に軍関係工事を中心に賃金の外に禁止されていた酒を配布することをするなどが行われていた。いわゆる高額所得者の出現である。これらの人々は離村者であり、彼らは高額所得者と呼ばれ、当局はこれらの人々に、その高額所得を預金するように新聞などで呼び掛けているほどであった。朝鮮全体のインフレが進行していたのである。

　朝鮮農村の問題は生産物の大半は小作農に対する米の全収穫物の供出が強制され、精農家とされる人ですら供出量が大きくなり、供出代金は全額預金させられていた。自由な米の処分ができず、自作農でも希望が持てないような農村になっていた。農業に専念しても希望が持てず、高額所得者の報道があり離村が進行していたのである。農村で暮らしてもすべて統制され、配給下で自由に処分できない経済になっていた。この要綱は1944年9月に作成されたが、その後、この要綱にそった方針が各道、郡、邑、面、里まで農業要員制度が機能し、実現されたことを示す資料は発見できていない。さらに、農村に残り、農業要員になったとしても生活できない統制下の農村になっていた。

　こうした農村のなかで3年連続の凶作が農村を襲うことになったのである。ここでは要綱が作製された1944年の凶作の様子を紹介しておきたい。統制下の凶作とはこうした状況であり、朝鮮農民の苦境を知る手立てとなるからである。

第5節　凶作下の農民生活

1　1944年度の凶作状況

米の生産状況を日本の本省に報告する文書には必ず「極秘」印が押され

ているが、他の麦・芋などの報告書には「極秘印」はない。これは総督府・日本政府にとり最大の重要な情報であるからである。1944年度産米報告は「朝鮮に於ける昭和19年産米予想収穫高（19・11・6）」という表題である。そこにも数字は一般公表せずとあり、米の生産が戦時下の食にとっていかに重要かがわかる。

　9月20日現在、予想収穫高から始められているが、報告毎に紹介するには大部になるため本稿では省略して紹介したい。いずれの報告も天候、気温、降雨などを紹介しているが、1944年11月30日付「昭和19年度米・雑穀・麦類作況　朝鮮農商務局」から水稲作況の災害部分を紹介しておきたい。なお、この時期になると朝鮮の伝統的な米作・植付方法はなくなり、日本式の栽培方法が朝鮮全土で行われ、種子・肥料なども日本式になっていた。それは当初、日本資本の東拓、大地主などにより普及され、各道に設置された総督府農業試験場が主導的な役割を果たしていた。現在の韓国稲作で普及している苗を直線で植える正条植えはその典型である。こうした方法が適正であるかどうかは明らかではない。

　以下に水稲作況の部分のみを紹介しておきたい

「　水稲作況
　1、苗代状況
　早春以来降雨少なく苗代期間上半期にありて気温低下するため之が生育は遅延せるも概して順調なり

　2、植付状況
　本年の植付用水は昭和17年以降引続きたる旱魃にして西北鮮地方を除きたる西北鮮地方を除きたる中南鮮地方に在りては雨量は本年1月より4月迄は平年に比し70.9％　直接植付有効雨量たる5年平均に比し5・6月も亦極めて少なく平年に比し65.1％に過ぎず茲に於て今年植付予定面積1.622.827町に対し適期植付圏内たる6月30日現在植付済面積は679.787町歩　植付歩合41.9％　殊に主要米地帯たる中南鮮地方の植付は極めて進捗せず其の植付済割合は左の如し
　　　中南鮮地方植付進捗歩合（6月30日現在）
　　京畿道　　　　　　34.7％

忠清北道	19.5%
忠清南道	16.7%
全羅北道	41.0%
全羅南道	10.4%
慶尚北道	18.2%
慶尚南道	23.0%　」

　なお、付表によれば6月30日現在の、凶作であった朝鮮全体の進捗状況は1942年は66%、1943年は71%、1944年は42%であったとされている。

　「7月に入りても中南鮮地方にありては局部的に豪雨を見たるが尚全般的には降雨量少なく官民総動員の努力にも拘わらず植付依然として進捗せず7月31日植付済面積1,315,099……（以下に1933年〜1944年までの植付状況表と水稲収穫量を示す一覧があるが省略した。なお、中南鮮地方が朝鮮での米の主産地であり、北部は米の生産に適していなかった）。

　3、7〜8月中に於ける旱魃状況
　8月に入りても依然として降水量少なく殊に慶南北地方の如きは8月中僅かに17粍乃至70粍程度の降雨に過ざる為灌漑水の枯渇せるもの8割以上に達し両道植付済面積212千町歩に対し174千町歩は白乾亀裂を生じ枯死するもの続出せり。
　京畿、忠南北、全南北道に在りても8月中に水田面用水枯渇せるもの2割程度に及びたり　従ってこれら植付遅延し居りたる中南鮮地方にありては折から分□及び幼穂形成期より穂孕期に介在するを以てその被害激甚にして勢い大幅の減収を期し被害面積73万町減収137万石に達せり

　4、7〜8月中に於ける水害状況
　（1）7月の水害
　7月11日より15日迄に京畿道北部地方に於いて300粍乃至350粍の豪雨により水害あり　次で7月19日、20日京畿道東部地方、忠清北道西北部地方、江原道西部地方、黄海道北東部地方、平安南道南部地方にありては〇〇粍乃至600粍程度の豪雨来襲せるを以て其の両面に亘る水

害状況左の如し（7月の水害状況　は省略　流出・埋設・浸水面積の合計町数が一覧とされている。省略した。）

⑵ 8月の水害

8月18日黄海道中北部地方の主要米作地帯に数時間にして200粍乃至300粍程度の豪雨来襲し浸水3日間に亘りたるも折柄穂孕期或は出穂直後なりし為相当被害あるものと認めらる　尚右の流失、埋設面積5,432町浸水面積19,558町なり、

⑶ 7～8月に於ける水害合計

7・8月に於ける水害を合計すれば左の如し

流出□□面積	19.017町
浸水面積	53,555
計	72,572
其の減収石数	50万石以上に及びたり

5、9月開花出穂期に於ける異常天候に依る影響

⑴ 出穂期の遅延

年間に於ける出穂期は中鮮8月中旬　南鮮は8月下旬なるが本年の出穂は全鮮的に相当遅延し且つ不揃なり

用水あり適期植付せし水田	5日乃至10日遅延せり
用水なく遅延せし　　水田	10日乃至20日遅延せり

之が原因としては左の如し

イ．用水不足により植付遅延せること

ロ．7月中旬の日照り不足と8月下旬の低温

ハ．旱魃水田に於ける7月下旬乃至8月上旬初穂形成期に於ける被告並穂孕期に於ける旱魃

ニ．本水田に於ける無燐酸栽培に依る影響

⑵ 9月上・中旬に於ける霧雨

斯くて中南鮮地方の本年出穂最盛期は9月1日より9月15日の期間にありたるが此の間全鮮的に霧雨引続きたると日照不足せる結果は8月中の旱害と相俟って開花、受精作用に重大なる支障を将来せり

6、登熟期に於ける冷害

9月中旬に至りて気温低下し西北鮮殊に平南北鮮殊に平南北地方の如きは広範囲に降雹の被害を被りたり　10月になり全鮮的に上、中旬に亘りて急激に気温低下し早霜、早冷来襲し中南鮮地方は出穂遅延せる為折柄乳熟、糊熟期にありたるを以て稔実不能に陥りて青立、充実不完全の為複米又は糀を生じ且冷稲熱病を発生せり　斯くて植付遅延、7〜8月の旱害10月の冷害等近来稀なる異常天候は遂に激しき秋落鎌入れ不足の現象を呈するに至れり（資料として10月地域別平均気温、最低気温表、初霜、初氷表が付されているが省略した）。

7、病虫害の発生
1.旱魃に伴い慶南北、忠南北、全南北地方に相当広範囲に亘り夏浮塵子の発生を見、相当の被害を見たり
2.植付遅延7〜8月に於ける水田用水の枯渇、9月の霜雨、10月の早冷に依り中南鮮地方に□稲熱病、及首稲熱病発生し被害激甚なり
3.全北忠南地方に於いて出来秋にタテハマキ発生し相当の被害を蒙りたり

8、販売肥料施用量の減少
1940年〜1944年までの窒素・燐酸　反当たり使用料あり（省略）
販売肥料施用量は逐次減少を期しつつあるが殊に本年産米に当りては燐酸肥料（総量3000頓）は全部之を苗代肥料として施用し本水田には全然之を施用する能わざりしが無燐酸栽培が有力なる誘因となり出穂秋に於ける異常天候にされたるは旬に遺憾とするところなり　」

この他に水稲植付有効降水量などの表が付されているが省略した。さらに農民の主食（農民の主食は時期にもよるが雑穀と米麦の混食である）の一つである雑穀（大豆・小豆・粟・ヒエ・トウモロコシ・ソバ・燕麦）などの開花期から収穫までの分析が報告されている。気象についての条件は雑穀についての影響も季節によるが、同様な影響が存在したと考えられる。

2　この時期の凶作と朝鮮農民生活

　戦時下の3年連続の凶作のうち、最終年の1944年、すなわち阿部信行総督時代について、その状況について概要を見たが、次のような点を考慮しなければならないであろう。

　作況について朝鮮総督府がこうした詳細な報告を帝国本国に送付したのは、本国にとり米が重要な収奪対象であったためである。他の雑穀については詳細ではなく概況である。日本は植民地配のなかで一貫して米の収奪を重要視していた。日本は米の種子から植付方法、俵の様式、管理まですべてを日本式にしたのである。水利がなく水田に向かない天水田まで米を栽培させた。しかし、3年連続の凶作は植民地農政を開始してから初めての経験であり、天水田の不作が朝鮮農村支配を危うくするものになっていた。総督府は1944年秋に凶作が明らかになると政策変更を行わざるを得なくなり、韓国併合以前の天水田の利用方法に戻そうとしたのである。こうした事態のなかでも小作米のすべてを強制供出をさせようとしたのがこの米穀供出記録要綱である。供出督励員・警察官・邑・面職員に加えて農業要員を加えた体制で供出体制を維持しようとした。この強制供出は前年から継続し、家宅調査を行い暴力的に農民から米を奪っていたのである。この強制供出の対象者農民は朝鮮人小作農であった。

　特に農民生活、自作農を除いた自小作・小自作、小作、日本より多かった農家に雇われていた農業労働者にとって、どのような影響が存在したかという点である。ここでは凶作下の作柄の実態がどのようなものであったかについてみようとした。

　なお、この資料では凶作となった原因が気象条件のみで説明されているが、農村からの男性の労働、徴兵などの動員による農村労働力不足、離村者の増大、統制強化による生活の不安等、食糧不足などの諸要因による労働意欲の減退などの要因が分析されていない。特に農民が肥料用の満洲産大豆粕を配給され、常食化を強制されていたことが、生産意欲をなくさせていたことなどを分析していないことである。

　さらに、ここで規定されている「農業要員」と制度的な機能、その実際の活動の存在については確認できていない。農業要員制度が更なる農民統

制実施の機能を持っていたことは確かであり、このことは日本の朝鮮支配のあり方を示す資料であることを確認しておきたい。また、ここで使われている用語で、害虫であると思われる「タチハマキ」などについてはどのようなものであるかは不明である。

(1) 以上の数字と資料は「政策並法規関係雑件（外地関係）農産物作柄状況・朝鮮関係」外地関係　外務省外交史料館蔵　E-23 による。この簿冊は 1944 年度の作柄、総督府政策変更、肥料などについて総括的に記録され、日本の本省に報告されていた内容を取りまとめた資料である。

(2) 朝鮮では大きな凶作が存在した場合、記録が作製され 1939 年の旱害では大冊が作製・刊行されている。1942 年の災害でも記録が作製中であり、準備されているとする記録がある。しかし、太平洋戦争が開始され余裕がなくなり、凶作記録については作られなくなったと思われる。しかしながら、災害があれば記録は作られたが作れない理由も存在したのではないかとも考えられる。自然災害以外に軍事用に転換できる肥料生産、鉄不足から農具不足、更に労働力不足などの要因があり凶作がもたれされたという側面の存在があるのではないかという思いがぬぐい切れないでいる。しかしながら、現在のところ、証明できる資料が不足しており、別に論究していきたい。本稿では資料にあるような自然災害、すなわち、気温、降雨などの自然的な要因が挙げられているが、それによる叙述に依ることとしたい。多数の朝鮮農民がはかり知れないほど労苦を被った被害の真相は、今後の課題としたい。

(3) 朝鮮農会「堆肥及び乾草増産運動の展開」（『朝鮮農会報』巻頭言、1943 年 7 月号）および内容は同巻「本会記事」欄から作成した。

第6節　戦時末の農政破綻

1　3年連続凶作下の農民生活

阿部総督になった時点は 1944 年夏、すなわち朝鮮では米の植付限界、7 月 20 日を迎え深刻な旱害が明らかになり、対応を迫られていた 8 月初旬であり、前朝鮮総督であった小磯国昭も報告を受けていたと考えられる。このことについて阿部と小磯がどのような引継ぎをしたのかは明らかではない。しかし、農地の半分を占める天水田の一部畑作化、水利不安全水田の水稲畦立栽培法の適用の検討がはじめられ、発表された。朝鮮農村では天水田の畑としての利用で朝鮮人の野菜・麦・豆・栗・ヒエ・ソバ・トウ

モロコシなどを賄い、米・麦などとの混食をして、端境期（春窮期）と一年中の食を維持していたのである。総督府は天水田に稲を植える政策を強行していたが、降雨がなければ米の生産ができないばかりでなく、混食用の畑作物ができなくなり、朝鮮人の食が確保できなくなることが多く、深刻な食糧不足状況になった。こうした状況のなかで1942年度から44年度まで、3年連続の旱害に見舞われたのである。総督府はこれに対応せざるを得なくなった。食の確保ができず死を選択する農民も見られるようになっていた。

　朝鮮農村は食糧の危機的な状況下にあった。米の全量供出で米は食べられず、配給される満洲大豆粕はカビが生え、その配給は遅れていた。総督府は「内地向」満洲大豆粕が朝鮮内で滞貨している大豆粕を朝鮮内で消費したいと要望しているほどである。何らかの対応が求められ、それが天水田の畑作化と水稲畦立栽培法であった。しかし、こうした一時的な対応では解決できない深刻な植民地農政の基本にかかわる問題が現れたにすぎないのである。それは植民地農政が米の増産対策のみであり、他の畑作物生産が返り見られなかったことにある。

　具体的にいえば朝鮮における、韓国併合後の農業生産は米の増産はできたものの、米以外の畑作物の作付け面積、収穫高などは植民地農政開始後には伸びていなかった（この間、朝鮮人人口は1300万人から2500万人に増加し、これに主に米を消費していた日本人植民者も存在していた）。米以外の朝鮮内の増産体制の必要に朝鮮総督府は対応していなかったのである。同時に増産された米は日本に移出されていたので、朝鮮人の生存を豊かにするものではなかった[(1)]。

　以下に、植民地下の朝鮮人農民の食と畑作物の関係を素描しておきたい。なおここでは、地主・自作農上層ではない、自作農下層・小作農・農業労働者の、平均的な食の状態を取り上げておきたい。

2　朝鮮農民の日常食と救荒食

　朝鮮人農民の食は基本的には温飯であり、温かい汁と、米ができた時には米と外の雑穀の混食であり、3食が基本であった。しかし、春窮期（2〜5月）は2食ですまし、この時期は粥食が多かった。副食は階層にもよ

るが様々の種類のキムチであり、それ以外の副食はなかった。キムチは年間を通じて使われていた。沿岸漁村では魚が取れた時には魚があるときもあったが、毎食ではなかった。ミョルチ（小魚）は港の近くから魚の行商人が農村まで回って販売していたが、小作人は買うことができなかった。肉は高価で食べることはなく、冠婚葬祭などで食べることもあったが、稀なことであった。牛は多数飼育されていたが、高価な牛の部位は小作人が小作契約をする際に、地主への贈答用に使用したといわれている。米ができて、家の米を食べてしまい、あるいは米と安い雑穀と交換して食物を麦ができるまで長く持たせる工夫が課題であった。この米の収穫が終わり、米を食べつくすと麦ができる間の春窮期の食をもたせることが必要であった。このために女性たちは集団で野草を採集し、食べられる植物などを探すのが課題であった。ドングリから作るムックはその代表的な食品であっ[(2)]た。これは救荒食といわれ、農村では広く普及していた。

　農民の健康を辛うじて支えたのはテンジャン（味噌汁）であった。朝鮮特産ともいえる大豆を材料とする味噌汁には野菜、野草を入れた毎食提供された。これにより農民の生存に必要なタンパク質を取ることができたのである。これに雑穀（粟・ヒエ・トウモロコシ）などを入れて混食し、栄養を伴なう食品となっていた。こうした食の補填方法は2〜5月頃まで継続するのが恒例になっていた。

　戦時期になると、食の不足は深刻になり、当局も野草を食べることを推奨し、春窮期などに野草の種類、食べ方などを解説・紹介した資料がいくつか刊行されたが、その一部を紹介しておきたい。これらは野草の種類、調理法などを内容としており、朝鮮人女性の創造性を示すという一面ももっている。

　・仁川昭和高等女学校伊藤誠一・青木延媛『野生食用植物早わかり　付食用法及び薬効』（仁川府・日韓書房、1943年7月刊）、48頁。植物名には朝鮮語付き。

　・水原農林高等学校植木秀幹「朝鮮の救荒植物」（『朝鮮彙報』1944年10月・11月号所収）。植物名は朝鮮語付き。地域により植物名が相違するが、その呼び名を朝鮮語で表記。収録植物数最多。

　・淑明女子専門学校教授豊山泰次（金浩植）『朝鮮食物概論』（京城・生活科学社、1945年4月刊）、126頁。植物名の一部は朝鮮語、カタカナも使用。

表5　総農家戸数に対する春窮農家の割合

	戸数	割合	生活困難にして賃金労働をなす小作農民戸数	純小作農に対する割合%
自作	922,104 戸	18.4%		
自小作	323,470	37.5		
小作	837,511	68.1		
計	1,253,285 戸	8.3%	775,106 戸	37.0%

＊日満農政研究会東京事務所『朝鮮農業の概観』（日満農政資料3号、67頁、1941年3月刊）による。道別春窮農家（1930年調査からの引用）原表は道別である。原典は朝鮮総督府『朝鮮の小作慣行』下巻「其の他小作に関する重要事項」、112 — 113頁。

多くは日本語であるが日本統治下のためと思われる。

　なお、この春窮農民の農民に占める割合は1930年のデータで古いものであるが、表5のような資料がある。

　しかし、戦時期には春窮期の女性たちの努力のみでは解決できないような食糧危機をもたらしており、植民地農政の構造的な問題があった。それは総督府の米のみの生産優先政策の推進であった。これは各地に設立された農業試験場での米生産の中心の研究であり、米生産が朝鮮農政全体で推進されたのである。

3　朝鮮農業の米中心の植民地的な経営化

　具体的な収穫高から、米中心の政策であったことについてみてみたい。総督府は産米増殖計画の下に土地改良、米の植え方を日本式の條植えにすること、米の品種を日本で開発されたものとすること、日本産の肥料の使用、除草など日本式俵の使用に変更を強制していく。この変更を支えたのは、日本から進出していた大資本の地主の農地の米生産経営であった。米の移出は大きな利益をもたらすものであったからである。米の増産に総督府は力点を置いていたのであり、結果として韓国併合以降1938年には反当収穫量は倍になっていた[3]。

　さらに、朝鮮での最大地主は東洋拓殖株式会社で1938年には4451町歩

に達していた。後に土地を購入し、敗戦時には55万町歩になり最大地主となっていた。植民地時代を通じて地主甲（自分で耕作していない、経営は舎音＝管理人）は増加し、自分で耕作する地主乙と自作農と自小作は減少していた。

　ここで朝鮮支配の経済的な背景として日本人地主が朝鮮農業支配に果たしていた役割のいくつかを取り上げておきたい（表6）。

　大農地所有者・地主は土地管理人を置き土地のすべての管理と生活まで規制する役割を担っていた。地主は水田に植える苗の

表6　日本人の土地所有地主と朝鮮人地主の面積

段別	日本人	朝鮮人
200 町歩以上	192 人	45 人
150	122	80
100	239	210
70	298	526
50	385	1091

＊前掲『朝鮮農業の概観』72頁による。50町歩以下は省略した。原典は朝鮮総督府『朝鮮の小作慣行』。

種類を小作人の意思と関係なく決定し、植え方も日本式にしていた。植付時期も一斉に行い、その他の作業も地主側が決定していた。肥料は量と内容、蒔く時期を地主が決めていた。もちろん、肥料代金は地主に収めることになり、農具を借りた場合も地主に支払った。水利料も同様であった。日本向けの米は、日本で使われるような俵に入れる必要があり、これも地主に支払うことが必要であった。すべて舎音が介在し管理していた。これは先に見たように、土地所有が大きな大地主ほど小作人に対して厳密な規則・規定を作成し、小作人はそれに従うことが契約に定められていた。小作人の判断で農作業を行うことはなかった。農民の判断や工夫は必要とされなかった。

　しかし、朝鮮人地主は植民地支配以前から小作人と文書を交わすことは少なく、舎音が介在したが口頭での契約が一般的であった。文書・規則で農民を拘束して「近代的」な契約を結んでいたのは日本人地主であった。農作業の大半は地主が規則に基き実施されたのである。これに従わない場合は解雇された。収穫と規定通りの日本式の俵に入れて地主に出すまで規則通りに仕事をすることになったのである。日本人地主の下で働く朝鮮人は農業労働者として規定されており、朝鮮人は大農場で働く「労働者」として働くこととなった。この大農場で働く小作農民の農作業の過程と東洋拓殖株式会社沙里院支場などの大農場経営の規則を分析し、そこで働く農業労働者を次のように分析している論文がある。この論文は1939年10月

号の『社会政策時報』に掲載されている久間健一「朝鮮における巨大地主の農民支配——特に小作条件を中心に」である。ここではこの論文の結論部分を紹介するにとどめるが、当時としては朝鮮農業労働者、すなわち大規模農場で働く朝鮮農民の当時のあり方を示し、植民地支配の本質を示していると考えられる。日本の植民地下台湾の糖業資本下で働く労働者やアメリカの南部で働く「ニグロ・クロッパー」と朝鮮巨大地主支配下にある朝鮮農民は同一の労働者であると述べているのである。

　台湾に触れた後に「台湾糖業資本主義下に於ける企業的地主の農民支配の性質と、朝鮮米作資本主義下に於ける巨大地主のそれと幾何の差があるか、それは何れも、原住民衆に対する、外来資本主義の惨忍なる略奪性のもたらせる結果である」。「事態はすべて同一である」としている。この経営方式の推進は米を中心にした植民地支配を強化する総督府・日本により支持され、米収奪が戦時体制を維持する主要な方針になっていたのである。

4　1人当たりの米保有量

　こうした日本の経営方針は朝鮮人地主にも広がり、契約書に基づく経営が多くなった。小作農にとって厳しい、この小作契約内容の強要は農村に様々な影響を与えていたのである。農地に愛情を持てず、結果として離村者の増加や生産量の減少として表現された。同時に戦時政策としての増産要求と供出要求が強化された。供出量が増やされ、農民が食べるための保有米も毎年少なくなり、1人当たりの保有米も減らされ続けた。このことについての根拠となる数字は、すでに研究があるので、以下に引用させていただく（表7）。

　表に示されているように、凶作であるのに凶作下での生産量に対して供出量は減少していない。さらに毎年、1人当たり保有量が減少し農民の食料は減少し続けているのである。植民地時代を通じて供出量は増加し、窮迫の度合いは増していた。こうした意味で1945年は植民地時代を通じて最大の矛盾を抱えていた時代であったといえよう。これが阿部総督時代を象徴する状況であった。

表7　朝鮮における米穀の供出状況・1人当たり保有量　　　単位　石

年度	生産量	供出量	農家保有量	一人当保有量
1941	25,527	9,208	12,319	0.725
1942	24,886	11,255	13,631	0.795
1943	15,687	8,750	6.938	0.401
1944	18,719	11,946	6,774	0.393
1945	16,052	9,352	6,699	0.373

＊イ・ヒョンナン『植民地朝鮮の米と日本』（中央大学出版部、2015年）、2～77頁から引用。
＊保有量には翌年の種籾を含んでいる。
＊原表を一部省略した。

(1) すでに韓国併合後に畑作物の生産が増加していなかったことについては日満農政研究会東京事務所『朝鮮農業の概観』（日満農政資料第3集、1941年3月刊）、12～14頁に指摘されており、反当収入が増加するのは米だけであり、ほかの畑作物は生産量は増加していないと具体的な数字を掲げて指摘している。
(2) この農民の食については拙著『戦時下朝鮮の農民生活誌』（社会評論社、1998年）、59～82頁以下を参照されたい。
(3) 前掲、『朝鮮農業の概観』、108頁による。
(4) 久間健一「朝鮮における巨大地主の農民支配」（『社会政策時報』239号、1939年10月号）。

第7節　米の供出と農民の抵抗

1　供出をめぐる朝鮮農民の動向

　朝鮮総督府は1944年末から朝鮮全体の10万町歩の天水田の畑作化を推進し、さらに15万町歩の天水田の水稲畦縦栽培法実施方針を明らかにしている。朝鮮の農地に占める天水田の割合は当初5割に達し、朝鮮植民地収奪支配の中心は米の収奪にあり、総督府は一貫して天水田の稲作化を推進し、各道補場・農業試験場では稲作化の実験が繰り返されてきた。天水田での畑作が朝鮮農民にとり重要な意味を持っていたが、朝鮮全体の天水田稲作地帯化を推進したのである。しかし、天水田の稲作化は成功せず3～4年ごとに凶作となっていた。特に戦時下の朝鮮では1942年～44年は

3年連続の凶作になっていた。この間、農村では天候不順、労働力不足、肥料不足、農具不足などの要因があった。戦期末になっての天水田の畑作化は米の生産が減ることを意味しており、朝鮮農政の大転換であったといえる。これに加えて米の「供出」という名の収奪が年々強化されてきた。これは日本への移出という側面と軍への食糧提供で食糧需要が高くなり、戦期末には米不足が深刻になった。米の供出は更に強制が強くなり、特に朝鮮では供出に警察官と供出督励員・邑面職員の三者などが立ち合い、年々厳しくなっていた。

　ここでは農政大転換をせざるを得なかった朝鮮農政政策の背景になった戦期末の農民の供出をめぐる状況資料を検討し、阿部信行総督が天皇に上奏してまで了解をとった背景を考察したい。

2　治安当局文書に見る農民の動向

　米の生産・供出状況については戦期末には新聞などでは正確に報じられることがないために、治安当局が記録した資料で事実の確認をしておきたい。ここで使用する資料は朝鮮総督府『高等外事月報』（警務局保安課）1943年11月号である。供出状況や農民生活は見解の相違があるが、この資料は治安当局による極秘資料とされており、事実が書かれているためこうした印が押されて、一般民衆に知られないようにしているのである。

「農村事情
　1　籾供出に伴う治安状況
　　1　概況
　昭和19年米穀年度食糧事情は昨夏並に本夏相亜ぐ大旱魃に依り籾、雑穀共に大減収を来し、剰え外米搬入不円滑相俟ち極めて困難なる条件の下に移行したる処、本年度籾供出計画関する実情を観るに実収高（第2回収穫予想高と殆ど同じ）は1870万5000石にして、昨年度実収高1568万7000石に比し301万余石の増収を示し居れり、従て之に対する本年度買上計画数量は1197万3000石にして昨年度買上計画数量939万7000石に比257万6000石の増加を示し居れり、而して12月10日現在に於ける買上実績は買上計画数量571万1000石に対し、買上実績数量635万石にし

て、之が買上比率は110％を示し、昨年度同期に比し３％増加し居り、全般的には概ね順調なる経過を辿りつつありと雖も中には未だ予定計画数量の23％に過ぎざる道（全羅南道）あるのみならず、一面供出実績極めて良好なる道に於ては指導督励宜しきを得たる結果なるべしと雖も其の反面相当強度の供出方策を講じ居れるものあるを窺われるものなしとせず、而して各道とも現在極力指導督励に勉め大体に於て12月中完済の目標を以て善処しつつある実情なるが部分的には相当困難なる事情を有する地方もありて更に格段の努力を要すべきものあり」。

　この供出の実態分析の結論は「強度の供出方策を講じ居れるものあるを窺われるものなしとせず」としているのである。

　1939年の朝鮮大旱害以降、日本の米の需給は米の過剰生産から日本全体の米不足状況をもたらしていた。特に中国戦線の消耗戦は米の消費を増大させ、1941年12月のアジア太平洋戦争の開始後は更に米消費は増大し、朝鮮農村の供出は強制性を帯びて農家の実情を知る面の職員、調査を行う供出督励員、警察官の三者が一体となり、農家を周り供出させた。

　隠匿がわかると暴行をうけた。農民の食は１日２食となり、混食、粥食、満洲大豆の油粕を肥料用としていたのを愛国豆粉として配給されたものなどを食べていた。肥料用の大豆粕の食用量は更に多くなった。ここではこうした状況を背景について農民動向について当局はどう見ていたかを紹介したい。

【反官乃至厭戦気運益々濃化】（以下、【　】見出しは筆者による）
　「本年度供出に伴う農民層の共通的特異動向と認むべき事象は全鮮を通じ、籾供出割当数量過多なりとすとする不平不満、昨年度に比し相当深刻なるものあり。

　殊に本年度供出に関しては□に供出概念数量の事前割当を為し居りたる処、今次実際上の供出割当は一般的に幾分宛て増大せる向き相当あるものの如く、就中旱害其他に依る減収地帯農民中に於ては特に峻烈なる不満を抱蔵しあるを窺われつつありて、之に伴う反官乃至厭戦的気運益々濃化し官の言明に対する不信的言動を敢えてせむとする者漸増の傾向を示しつつあるは見逃し難き特異事象と認めらる。而して之が供出状況を通じ農民層

の動向を仔細に精察するに大体に於て既述の如く当局の施策の如く当局の施策に協力的態度を持し、概ね所期の成果を収めつつありて、中には2食主義に依る節米申合、地主其他指導階級層の垂範的推進活動に依る供出実積挙揚、麦作面積の拡張播種に依る増産計画実施、困窮農民に対する供出代納等洵に慶祝すべき協力美談善行なしとせざるも、一般農民を通じ真に時局の重大性を認識し積極的に供出に挺身協力しつつあるものは極めて少数にして、其の大部分の動向は所謂諦観的乃至消極的協力の範囲に属すと認めらるる節あり。殊に一般農民層通じ強度の供出並に消費規正の強化に伴い籾供出後に於ける自家食糧の確保に対する不安焦躁気運は既往に於ける食糧需給の実情に照し極めて深刻なるものありてあらゆる手段を以て供出忌避乃至隠匿の方途を講じ其の手段方法等益々巧妙悪質化の傾向を示し、動もすれば供出督励職員との間に衝突摩擦を生じ、既に暴行或は傷害事案等当相当発生を見つつあるに見ならず、一部農民中に在りては供出割当過重を其他を理由とし自暴自棄的乃至は頽廃的言動を為し、供出前に可及的に節食せしむとするものなしとせざるのみならず、甚しきに至りては区長其他関係職員の故意的不当割当なりとの曲解に起因する傷害事犯を敢てするもの或は供出に伴う生活不安に基厭世自殺せるもの等ある実情にして、其種傾向は籾供出実積挙揚に逆行し今後益々増加を予想せられ、其の様相も亦極めて深刻尖鋭化するものと見られつつあり。

【地主の反応】

一面地主階層中に於いても食糧管理令実施に於ても従来に比し自家用米の確保益々困難となりたる結果、地主の無力化を悲観し耕地を売買せむとする向(むき)なしとせざるのみならず、自家食米の自作を目論み或は小作人に対する小作料納入強要乃至供出に伴う地主対小作人間紛争事案等発生し供出に対し協力的の態度暫次退化せんとする傾向窺わるると共に之に伴う不平不満又増大せんとしつつあり。

【面邑面長・区長の反応】

尚一面邑面長、区長等供出関係職員中に於ても、本年度籾供出問題に対し、昨年度に比し確信を有せざるが如き悲観的言動を洩らし、其の態度極めて消極的のもの少なしとせず、甚だしきに至りては連盟理事長にして供

出完納を悩み厭世自殺せるものあると共に、一部関係職員中に於ては徒に農民に対し不当なる高圧手段を講じ不必要なる摩擦乃至反感を醸成せしめんとするが如き事情等ありて、相当粛正を要すべきものなしとせざる実情なり。

【本米穀年度籾供出に対する農民動向】

供出に伴う治安状況概ね叙上の通りにして現在迄の処差当り治安上特に憂慮すべき不祥事態の発生なく経過しつつありと雖も、本米穀年度籾供出に対する農民層の動向は昨年度に比し更に濃密なる指導啓培を要すべきものあり。殊に供出の表面的実積の良否は必ずしも農民達動向の実相に非ずして之が円滑なる供出完済の見透に関しては相当困難なる地方もあり、就中供出実積良好なる各地方に在りても其の反面供出方策の強行に伴う民心の逆行離反等総合考察する時、今後に於ける治安対策は厳に慎重を要するものあり。又時期的に之を観察する時昨年度の実際に徴するも治安上最も警戒を要すべきは12月下旬乃至1月頃前後して寧ろ今後に属するものと見られ、殊に旱害其他に依る減収地帯並に今後早急に食糧窮迫を予想せらるる地方等に於ける農民層の動向は相当の危険性を予想せらるるものあり、依て今後に於ける農民動向の実相把握に対する査察並諸情報蒐集の強化上特段の努力留意の要あるを認めらる。」

3 「1944年米穀年度　籾供出に伴う特異事象記録」

朝鮮の供出体制が強化され、個々の農民や行政の末端の区長などを含めて農民生活を圧迫するようになっていた。この記録は1943年末を中心にした官がまとめた記録であり、1942年〜44年までの凶作時の中間期間である。9月〜12月期は供出期であり、そこで起きた事件である。集団的な抗議や「暴力」を伴う抗議や紛争記録や国民学校の生徒が米を昼食に持参している状況を記録している。朝鮮の食事は麦ができた時には麦を、春は雑穀を混食するのが一般的であったが、当局は米の収穫期のみにこうした調査を行い、米の消費を規制しているのである。

なお、事件の概要部分は長文になるため、元の資料を損なわないように筆者が要約して表にまとめた。

表8　供出に伴う特異現象

番号	年月日	場所	事件の概要
1	1943・12・13	平安南道 黄海道	小作農李宋金高は今年度強度供出を忌避すべく黄海道に住む兄宅に移居すべく籾7叺、雑穀2石4斗を兄宅に搬入。李の住む区長・愛国班長10数名が兄方に行き供出米を要求。兄側も抵抗。李の住む龍山面では駐在所員2名と警防団員など40名を招集。黄海側に行き家宅捜査・器物損壊を為したが大事に至らず
2	1943・11・14	全羅北道	達城永俊は収穫高19石8斗に16石の供出割当てがあり区長に会い「餓死」すると区長に「暴行」区長父にも小便壺を投げた。傷害事件
3	1943・11・25	慶尚北道	自小作農の安本学鳳は面職員が不当な耕作地査定・小麦不当割当に対し、面職員に「暴行」、公務執行妨害で取締り
4	1943・11・9	黄海道	黄海道供出督励員大島正雄外4名が雑穀供出督励に出張農民金田炳一の家宅捜査を実施　隠匿物を発見金田と妻に暴行。更に燐家の江山達充を命令に従わないと殴打、居合わせた江山昌成並谷城河奎を供出不完済として殴打したことに1人が抵抗。督励員の横暴。この不遜行為は農村民心悪化の傾向を辿りつつあり、所轄署で厳重に諭す
5	1943・11・30	全羅北道	供出督励員佳山云烈は米蒐荷者供出量不足の者35名を集合させ、正座厳諭し、3名の顔面を殴打する暴行。警察、郡守が厳諭。
6	1943・9・20	慶尚北道	収穫に比べ相当多量の供出割当を予想し、将来強度の消費規制は勿論自家食糧の充分ならざるを見越し、出来秋に於て腹一杯食うが得策なりとし多量の消費を為しつつあるやに平谷国民学校年生43名の昼食状況 　　米麦5分5分の混食　　　6名 　　米8分粟2分の混食　　　5名 　　白米のみ食するもの　　　32名 この状況は食糧治安の確保上極めて憂慮絶えざるものあるのみならず供出に甚大なる影響。関係当局と連絡、新米の搗精禁止及び闇取引絶滅を期し指導啓蒙中

7	日付記入なし	全羅北道	徳峠村の4人暮小作4斗落を耕作。中1斗落半は干害で不作なりしに拘わらず9石の供出割当てあり、3石5斗を供出。供出到底不可能なるを憂慮し面書記が来たら籾はここにあるから早く出してやれ、といい精神に異常をきたす。(「供出に伴う発狂事案」が資料のタイトル)
8	1943・11・25	全羅北道	錦城面上新里区長は辞表を提出、理由は供出を完了したが本春窮期に65戸中食糧皆無者55戸に達したるも当局の増配は微々たるを以て区長の立場上困難を来したる事態に鑑み来春窮期の於ける食糧窮迫の深刻なるべきを憂慮したことが判り、諭旨翻意せしめたり
9	1943・10・24	忠清北道	部落連盟理事長金上祐元は10月24日供出割当決定を受け今回の割当は実に多すぎるおそらく部落の収穫全部を供出しても足るまいとしていたが同27日自宅で自殺、理由は籾供出過多なることを苦慮。家族其他に対し善処中
10	1943・12・12	全羅北道	李□七は6名家族水田8反5畝を小作。収穫25石4斗に対し供出割当19石、係員に全量供出を拒否。後に自殺
11	1943・12・18	黄海道	農業印応学は小作農家族6人　貧困生活。2石の供出割当　全く供出せず12月18日供出督励員が当人宅で調査白米7斗、他に1石5斗を発見。供出指導。当人家出、20日、裏山で自殺。37歳部民の動向厳重注意警戒中。
12	1943	京畿道	地主呉昌根は地主も規制糧以外自家用保有米確保が出来ず小作人5人の供出米35叺を自家に搬入、処分、他は隠匿。警察に検挙・取調べを受ける。
13	1943	京畿道	地主対小作人の紛争

注　この13項目の事項は朝鮮の米の生産地帯である中南部の各道の記録である。資料では「益死」とされているがここでは自殺とした。

　行政単位である道と道（日本の県に相当）を超えての紛争もあり、紛争は広範になっていたことを示している。住所記録は里・番地まで記録されている事例があるが省略した。氏名の朝鮮人名は創氏名である。

　供出米をめぐり地主と小作人の対立も報告されている。

この文書には具体的に当時の新聞には報じられないような事実が記録さ

れており、深刻な農村事情が記録され貴重である。

この資料には供出に伴う農民の13例の言動を道別に記録している。特に収穫量と供出量の差は小さいのが大きな特徴である。自家食糧の不足は明らかである。特徴を挙げておきたい。

第1にいずれも供出量が多いこと、餓死するなどを理由として区長、督励員、面職に抵抗している事例で、あるいは暴行を受けている事例である。事例2〜5である。直接抵抗や供出に従わないで暴行を受けているのである。いずれも権力に抵抗したことのない農民たちであり、「決死」的な行動であった。35名の農民を正座させて暴行を加えたことに見られるような「行動」には当局が慎重に対応している。

第2に供出できないこと、生活できないことから自殺している農民が3名事例として挙げられている。供出困難で直接、自殺した事例さえある。報道では検閲があり報道されておらず、官憲資料以外では確認できない。

第3には6に挙げられているような国民学校生徒の大半が白米を食べていることである。本来朝鮮人の四季を通じた食事は混食が一般的な慣行であり、このような事例は少ないと思われる。供出で取られるより食べてしまおうとしたのである。

当局はこれに対して新米の精米禁止や闇取引の絶滅などを示唆している。こうした事態は一般的に家庭内でも行われ、全体としては供出量は減少することになった。

第4には8、9にあるように当局の最前線に立たされていた区長、部落連盟理事長が供出割当予定のできないことを理由に自殺したり、職を辞したりしていたことである。統治機構の末端が壊れはじめていたのである。

第5に12にあるように地主・小作人の関係にも変化をもたらし、小作地の返還、供出をめぐり地主と小作人が対立する場面が起きてきたことである。

ここに表現されている農村の状況は朝鮮全体の農村状況の反映といえるであろう。この供出体制が1945年米穀年度でも強化されようとしていたのが、1944年末の状況であった。これらの事態は、供出に対する農民の共通した抵抗の表現である。

なお、本資料には3項として「特異言動」が12例挙げられているが省略した。各道からの報告で、内容は重複している証言もある。

4　農民抵抗の諸相

　先の資料は朝鮮全体の供出をめぐる 1944 年米穀度の状況で、1943 年度末の供出状況を反映した報告である。注目すべき点を箇条書き的にまとめると、以下のようになろう。

1	生産した米の 1944 年度米穀実収予定		1870 万石
	米買上予定		1197 万石
		残	673 万石
		平年作	2 □□□万石
	朝鮮内朝鮮人人口		約 2000 万人（この人口は筆者）

　この数字で注目されるように極めて厳しい供出割り当てが農民にあったことが明らかであり、農民の「自殺」を含み広範な抵抗が存在したことが明白である。

　米は再配給されないでトウモロコシの油を搾り粕を配給で配布していた。これは満洲から移入していた肥料用のもので一時は愛国粉として配布されていた。その上での高率小作料は変わらず、家族の食糧を農民が確保できなくなっていたのである。米の自由処分は許されず、米の収穫後には交通を規制し、荷物が検査された。親族間でも融通は禁止された。

　2　米消費・隠匿という抵抗、供出督励員、面、警察への抵抗、供出前に消費してしまうという抵抗。5 項の愛国班長、区長などの総督府機関への抵抗。

　3　個人的ではあるが供出拒否の広がりと、米を所持するものへの米の移動を防ぐための交通遮断などが実施されていたこと。

　4　小作農の離村増加と離村した農民の都市への移動と労働力不足を背景とした彼らに対する高賃金支給、これを新興所得層として預金を進める当局の方針は農民に離村を促進する結果になっていた。

　5　総督府はこうした矛盾の解決を迫られていたのである。農民の最低限の食の確保を図るために天水田の畑作化での米供出促進、水稲畦縦栽培法という新政策を取らざるを得なくなったのである。

　6　米生産減退要因としての労働力不足。国内動員・朝鮮外動員・肥料・農具不足のどの要因、さらに農民の抵抗を避ける方策としての総督府農政の方針転換を総督府として具合化したのである。

　こうした農政の方針転換は朝鮮植民地支配の基本が農業収奪にあり、収奪の対象の農政の方針転換であるから、天皇にまで上奏しているのである。

　7　これらの供出状況のなかで、供出督励員と邑・面職員・警察官などによる供出米の家宅捜査と暴力行為が日常的に行われ、35人の村人に暴力を振るうなどということが行われていたことである。暴力収奪であり、日本国内での強制動員者に対する暴行と変わらない行動として帝国内の支配に共通していたのではないかと思われる。

　なお、ここで取り上げた農民の抵抗ともいえる供出をめぐる農民の「自殺」をめぐる動向、供出に対する抵抗、自家用米の確保のための米を隠す行動は、朝鮮米穀配給調整令違反、朝鮮雑穀配給統制規則違反を取り上げた朝鮮総督府法務局『経済情報』第9集（1943年11月・1944年2月刊）の朝鮮全体の統制違反状況をまとめた資料には収録されていない。各地方法院検事局が管内朝鮮人農民状況を含めて、詳細にまとめ報告している資料である。

第2章　朝鮮人対応の変更方針

第1節　朝鮮人・台湾人に対する処遇改善発表

1　処遇改善の背景

　戦時末になると朝鮮内では徴兵、工場等への動員、供出強化、配給品の減少、遅配、女性の農業動員、天引き預金の強化など統制が強くなっていた。労働動員も下層農民だけでなく徴兵に象徴されるように、対象を広げて実施されていた。先に触れた天水田の一部畑作化は食糧供出の米以外の供出強化の反映であり、この政策は下層農民の食糧不足の深刻さの影響であった。同時に3年連続の凶作の農政当局の対応の1つであった。食糧不足は自殺者が出るほど深刻さであった（66～67頁参照）。朝鮮農業の政策転換の背景には農民の窮乏の深刻さがあった。

　一方、戦時末の徴兵動員、愛国班員の班員動員など都市の労働動員も強化されていた。特に徴兵は階層を問わず、学徒兵はほぼ全員が動員され、拒否者は工場に動員されていた。都市愛国班員動員は多くの人々が対象者となり動員されていた。一部では港湾労働者が行う重労働に動員されていた。朝鮮人知識人や都市の朝鮮人勤労者は、日本軍が敗退していることなど戦局について短波放送を通じて知っていた。さらに朝鮮人の広範な戦時動員が朝鮮人の行動や意識に影響をあたえ、変化をもたらしていたのである。こうした中で新たな朝鮮人知識人対応が必要になっていたと考えられる。朝鮮人農民だけではなく地主層・都市知識人に対応が求められていたのである。朝鮮人に戦争に協力させるという「代償」という側面だけではなかったと考えられる。これが「朝鮮・台湾人処遇改善」対応についての天皇の詔書の本質である。この具体的内容は1945年4月1日付で公布された「衆議院議員選挙法中改正法」法律34号の公布である。

2　処遇改善内容

　処遇改善の中身は、帝国議会衆議院議員となることを朝鮮人と台湾人に認めるというものであった。具体的には法律34号で規定されている。朝鮮に関する主な内容は以下のとおりである。

　(1)　帝国臣民である年齢25歳以上の男子であること。

　(2)　選挙人名簿作成の期日までに1年以上直接国税15円以上を納めているものに選挙権が与えられる。この法令では議員の選出数を朝鮮23人、台湾5人と決められていた。ただし、この選挙法中改正法の施行期日は別に勅令でこれを定めると決められている（しかし施行日は官報を見る限り定められていない。勅令集資料などでも確認できない）。

　(3)　朝鮮からの選出地域別・人員表

京畿道　3　　　忠清北道　1　　　忠清南道　1　　　全羅北道　1

全羅南道　2　　慶尚北道　2　　　慶尚南道　2

黄海道　2　　　平安南道　2　　　平安北道　2　　　江原道　2

咸鏡南道　2　　咸鏡北道　1

＊樺太・台湾は除いた。選出基準は不明である。

3　詔書の内容について

　詔書は天皇の意思を説明し、国民に広く知らせ、徹底することを目的にしており、官報には本文の末尾には各大臣の署名がある。短いので内容を紹介しておきたい。

　「朕惟うに朝鮮及台湾は我が統治の下既に三十有五年あり強化日に浴習俗同化の実を挙げ今次征戦の遂行に寄与する所亦少□しとせず朕深く之を欣ぶ

　朕は茲に特に命して朝鮮及台湾住人の為に帝国議会の議員たるの途を拓き広く衆庶をして国政に参与せしむ爾臣民其れ克く朕が意を体し諧和一致全力を挙げて皇国を翼賛すべし

　　御名御璽

　　昭和20年4月1日

内閣総理大臣　小磯国昭（以下大臣 14 名連署、略）　　　　　」

4　処遇改善施行規則の勅令は実現したのか

　詔書及び法律 34 号は官報に掲載されたが、この規定の施行期日は勅令
で決定することになっていた。この処遇改善の実施については朝鮮内での
投票方法など詳細な規定が必要であった。これを勅令で定めることになっ
ていたのである。しかしながら、朝鮮総督府官報、法令全書などの勅令の
項には施行規則の公布勅令の存在は確認できていない。詔書と法律 34 号
が公布されたのは 1945 年 4 月 1 日であり、敗戦までは 4 ヶ月にすぎない。
法律 34 号は施行関連法自体が成立していないと思われる。この間の事情
は研究されていないと思われるが、処遇改善規則は有効ではなく、具体的
には実現しなかった法令にすぎなかったのである。歴史的に見れば処遇改
善政策は存在しない政策であり、実施された政策としての評価の対象には
ならないと考えられる。

　しかしながら、詔書と法律 34 号は存在し、この法令の「意図」の存在
は位置づけておくべきであろう。

5　処遇改善の背景と意図

　阿部総督が就任した 1944 年 7 月は敗戦 1 年前であり、35 年余の植民地
支配の最終期であった。また、敗戦は明確になり、朝鮮社会では帝国崩壊
を防止するための支配の強化、収奪が頂点に達していた。日本帝国本国は
米の全量供出を要求し、農民の食料として満洲大豆の搾りかすを配給し、
農民の食に欠くことができない大豆なども供出させていた。供出は警察官
と供出督励員などが立ち合い、家宅捜査・暴力まで行使して供出させてい
た。日本への労働動員は 44 年度は 33 万人に達していた。若い女性も朝鮮
内や日本に動員された。1945 年度の本省の日本への動員労働者要求は 100
万人であった（阿部の天皇への上奏文に在り、人員は交渉中とある）。これに 2
度目の徴兵検査が実施され、徴兵が強行されて、第 1 回徴兵では日本語の
できない人は勤務兵として労働に従事させられた。もちろん、「満州国在
住朝鮮人」「在日朝鮮人」も兵士として動員され、軍属としても動員して

71

いる。朝鮮では愛国班による統制と勤労奉仕が強制されていた。植民地支配下で最も朝鮮人に犠牲を強いた時期であった。このため朝鮮人側の抵抗も強く、農村での自殺者の増加、労働者の逃亡、統制下に朝鮮人労働者の高額所得者の出現など社会的の矛盾が表出していた。

　これに対応しようとしたのが朝鮮農業の天水田の畑作化、朝鮮救護令の公布、処遇改善政策の公布などであった。基本的には朝鮮民衆の様々な形での抵抗に対する迎合的な政策を取らざるを得ないために、政治処遇改善が提起されたと考えるべきであろう。この処遇改善すら名目的であったことは施行規則の勅令がなかったことにも示されている。天水田の畑作化、救護令、処遇改善政策に典型的に示されているように阿部信行総督の施策は朝鮮民衆にとり、意味のない改善策であった。むしろ、朝鮮農民の強制供出、労働動員、預金の天引き強制などの政策に対する農民の動向に対する迎合的な政策であったといえる。

6　阿部信行総督の処遇改善に対する見方

　処遇改善の天皇の詔書について総督が否定的なことを言うはずもないが、詔書直後の阿部朝鮮総督がおこなった訓示要旨を紹介しておきたい。
　「今回の政治処遇改善並に一般社会的処遇改善の実現はその意義真に深大であって朝鮮の統治史上明かにこれを界として一線を画するものであります」と評価している。これは朝鮮総督府官報1945年4月5日付号外に掲載されている総督訓示要旨からの引用である。この本文は官報2頁分にわたる長文なので、戦期末の朝鮮についての認識のいくつかの特徴を取り上げておきたい。

　(1)　自戦態勢について　　日本と朝鮮は「極めて重大なる段階に達し、既に我が国土の陸と空とが戦場化して文字道り一億国民階戦を如実に現わして参ったのである」として既に制空権・制海権がないことを認めている。自戦とは日本と切り離されても独自に戦う体制を作ることであった。3月1日の東京大空襲があり、既に千葉県九十九里、神奈川県湘南地区に連合国軍が上陸すると予想し、日本軍の主力が配置されていた。1945年4月には、朝鮮と日本の交通は大型船の大半は沈没させられ、木造船、しかも

石油と機関を使わない帆船の使用が奨励されるようになっていた。日本海軍の旗艦も沈没し、日吉の地下壕に移転するようになっていた。

（2）官報で省略されている内容について　防衛処置については公表されていない。

（朝鮮防衛については3月1日の東京空襲以降、朝鮮防衛の要と日本防衛のために済州島を拠点とすることを決定、全島の要塞化を進め敗戦までに10万人といわれる兵士・軍属が配属されていた。東京・皇居占領に対するために千葉海岸と湘南海岸に防衛線を引き軍を配置していたが、小銃すらない兵士が配属されていた。敗戦が目前であることは軍の関係者である阿部は承知していたと思われる）。

（3）増産と輸送対策について　朝鮮では国民が総力を挙げて生産に取り組んでいるが「時と場所とに依っては物は造り出し又掘り出しはしたが之を運び得ないという事体すら発生し、人力と荷車、馬車とのリレー送りの如き原始的方法に輸送を依存せざるを得ない事態となるやも測り難い。……尚4月には全企業及び勤労の国家性に対する認識の欠如に基づき動員事務遂行の上に各種の憂うべき官民の摩擦が存在することは真に遺憾である……」と指摘している。物資が輸送できない危機感が表明されている内容である。

（4）経済安定対策について　戦争遂行にとり朝鮮経済の安定が重要であることは明白であるが、この時期の朝鮮は極めて危機的な状況であった。これを阿部は訓示の中で、朝鮮経済のインフレ危機を含む深刻さを次のように指摘している。

「近時銀行券の急激なる膨張と輸送難による物資偏在、道義及耐乏精神の低調其の他を原因とする物貨の乱調等の徴候頗る顕著にして悪循環的に民衆の生活を脅かし生産戦力を阻害しつつあることは戒心を要する事態である」。総督としては卒直な感想であろう。対策としては先に取り上げた。「高額所得層」対応まで取り上げて対策を立てるように訓示している。

（5）執務について　（1）～（4）までを実行するために朝鮮各道の職員が自給自戦態勢を整備することについて、執務の刷新をするように要求している。

（結び）特にタイトルは付されていないが、内容は総督府官僚に対する治政に対する激励という構成である。

　この訓示は、直接的には政治処遇の改善を契機に指示された内容であり、政治処遇の具体的な方法などの内容ではない。政治処遇改善を賛美するより現実の課題が差し迫り、政治処遇の改善、具体的には議員の選出より当面の課題が深刻であったことを示している内容になっている。

　また、この訓示は阿部総督の現状認識を示し、朝鮮社会の矛盾を示唆している。訓示という性格から具体的ではないが、輸送が潤滑に行かず滞貨があり、「新興高額得層」がうまれたことに示される悪性インフレへの警戒、総督府職員の官僚的な態度についても述べている。官僚の作文を陳べているだけでない日本人権力者としての観察をしていると思われる。この限りでは阿部信行総督は忠実な日本の植民地支配者であった。

(1)　なお、1945年に政治処遇改善の詔書が発表されると同時に、同日付で阿部総督の諭告が発表されている。朝鮮総督府官報昭和20年4月1日付号外である。これは政治処遇改善詔書に対する聖旨に感謝を表したもので短く、朝鮮の内政の現状については触れられていないので、同5日付訓示を使用した。政治処遇については短くふれられているのみで、大半が阿部統治下の問題について述べ、統治賛美ではなく矛盾の存在と現状のあり方を述べている。

第2節　政策転換のゆくえ

1　田の畑への転換の諸問題

　朝鮮に3年連続の凶作をもたらした天水田の水田としての使用が旱害と凶作をももたらしていたが、要綱に示されたような旱魃天水田の畑作化と水利不安全な水田への水稲畦立栽培法の採用は成功したのであろうか。1944年末から計画され、天水田の畑作化の10万町歩と水稲畦立栽培法の対象地15町歩は各道に割り当てられ、各道では適地を指定して対応を始めようとしていた。この成否は1945年秋の収穫期やその後の南部朝鮮・北部朝鮮の農業政策の分析が必要であろうが、この総督府の政策転換をどのように見るべきかは検証されていないと思われる。

　ここでは1945年夏の敗戦で、この2つの政策がどのようになったかについての検証は試みておきたい。植民地支配が崩壊したと同時にどのよう

図1　慶南は2万8千町歩　常習旱魃田の転換

> 慶南は二万八千町歩
> 常習旱魃田の轉換
>
> 總督府では決戰下食糧の確保對策として在來慣行の畑地轉換を實施することに決したので南鮮ではこれに基き本年秋以來であつた二万町歩の轉換を繰行し、二十、二十一両年度にわたつて一万四千町歩づつを實施の豫定である
> また降雨さへあればといつた稲最惡場も明年は畑との両道をかひて稲付させるはずで常習田には主として甘藷、粟、稗などを穀培させる計劃で排水淨の設備には相當の補助も支給、もつとも合理的均衡をはかる見地である

＊農政転換を報ずる朝日新聞西部版（1944年11月15日付）

に変化したのかについては検討しておく必要があろう。特に農業という産業はその後も継続し、どのように展開していたのかということは、歴史的な検証としても必要なことであろう。

　農政転換地は1944年度中は水田から畑としての転換する農地の選定などで終わり、1945年になり耕作農家の指定などが行われたと考えられる。この問題について戦後研究は見つけられないが政策発表後にいくつかの天水田問題の論文が発表されている。[1]

　これは朝鮮農会『朝鮮農業』19巻1号（1945年2月1日刊行）で特集が組まれており、天水田問題の課題と問題点を特集している。

　このなかの論文から、いくつかの指摘を通じて政策転換の成否について検討しておきたい。

　総督府が最も力点を置いているのが「常習旱魃田」（以前は畑地）が凶作の主因となる存在であり、ここに稲作を総督府が指導し稲作地を指定していた。ここにヒエ・粟・サツマイモなど畑作に適していた作物を作ろうと政策転換をしたのである。同時に水利設備がないが、雨量があれば稲作ができる水利が不安全な「天水田」では水稲畦立栽培法を採用し、米を生産しようとしたのである。水利がある水田は50％であり、後は水利が不十分な「天水田」と畑地・「常習旱魃田」であった。総督府は戦時下に食糧不足で緊張してきた食糧危機に対応するために凶作の原因の一つとされていた常習旱魃田と天水田で食糧を生産させることとしたのである。1944年秋には凶作が決まり深刻な事態になり、総督府はこの対策として政策として常習旱魃田、すなわち畑での稲作を中止して芋などの畑作物を作ることを認めたのである。これが朝鮮農会の『朝鮮農業』論文の趣旨である。

しかし、水利不安全田では雨量が少なくとも対応できる畑地用の水稲栽培法として提案されたのが、高橋昇の「水稲畦立栽培法」であり、この特集では佐藤照雄が紹介している。高橋昇は朝鮮総督府農業試験場沙里院の場長であり、その部下である佐藤が、高橋の農法を勘単に紹介している。ここでは常習旱魃田対応について触れておきたい[2]。

　常習的に旱魃になった天水田と水利不安全田は50％を占めており豊作・凶作を分けたのは天水田の出来次第であった。こうした経験から山本壽巳は政策転換の前提として、いくつかの政策転換対象常習旱魃田の問題点を指摘している。彼が指摘しているのは以下のような諸点である。なお、山本の肩書は朝鮮興業株式会社となっている。

　山本はこの政策変更が米以外の食糧の増産にあること、そのためには旱魃田を畑地にする土地の選定、部落の古老などに話を聞くこと、転作地の輪作問題、転換田の供出問題、小作料問題などを指摘している。ここでは山本が指摘する労力問題と肥料問題を取り上げておきたい。

　山本は労力問題と農具について以下のように指摘している。

　「水田に比し畑はその利用度は高率であり、作物の種類も多く作付け期や、作付け方法も異なるし草の生え方、手入れの仕方も複雑である」……「年間の労力を多く要するから開田後この労力を如何にして獲得するかを検討すること」……農具の改良が進められているが「畑に使用の深耕犁・除草攪拌用のレーキ、鎌などの改良された農具」が必要で「水田の如き簡単な農具のみでは畑作は労力の配分上不可能」のように思う、と指摘している。「新規改良農具のみに期待しても供給不十分であるから、遊休旧農具の修理を促進し転換畑作耕作者に優先配給をする」ことが必要であると説明している。

　しかし、労働力の問題では都市での労働力と急速な防空壕・飛行場建設・済州島の基地建設などで労賃が高騰し、統制賃金は名目的となり、「高額所得層」が存在し、農村からは農家に雇用される労働者が不足していた。また、神社建設、道路建設などに勤労奉仕が強制され、畑の耕作・手入れなどで労働力は不足していたのである。報酬の少ない労働に参加する農民は保証できなかったと思われる。このために繁忙期には小学生から学生までが広範囲に動員されているのが実情であった。日本への強制動員・満洲への家族単位での割当移民動員、徴兵・徴兵不合格とされた人の部隊編成

の各種勤務隊動員などであった。先に見たような農業要員として指定しても動員は無理であった。

農具についても鉄の生産のすべては兵器に回され、海軍では海軍の象徴である旗艦が沈没され、神奈川県日吉の地下壕に置かれており、小銃すら不足していた。日本と朝鮮を結ぶ客船の大半と輸送船の大半は主に400トン以下の木造船が作られ運用されていた。米や人の輸送間輸送が困難になっていた。試作であろうが戦闘機が木造で作られている。もはや農具に回せる鉄製農具はできなかったのである。

肥料については先に見たように化学肥料は農業には回せず、農村では草を刈り、堆肥とした肥料が中心となっていたが、できた肥料は草を取る土地は地主のものであり、小作人の田畑には使用できず水利安全田の地主や東拓などの会社所有の土地に施用されたと思われる。窮迫する農民の土地には使用できなかったと思われる。

以上のような諸点を見ても、常習旱魃田での畑地化による農民食糧化増加には結びつかなかったと考えられる。

天水田の水稲畦立栽培法は高度な技術が必要で、高橋昇の指導・試験は開始されたばかりであり、解放後の朝鮮で成果を挙げたという資料は見つけられない。⁽³⁾

しかし第1に、この時期の農村では各種労働動員のために朝鮮内では労働力不足で、農村から都市に移動し高額所得者になる農民なども出現していた。新たな畑作労働者を集めることは困難であり、山本が指摘する高い水準を持つ人を新たに集めることは困難であった。地主支配下の小作人として畑作地で働く人は畑作経験がない人も多く、畑作耕作者としては不適であった。

第2には、すでに農具の不足は戦時下に問題となっていた。また、農具の生産は日本国内生産品が朝鮮に移入されており、農具不足が深刻であった。大半の鉄製品は兵器に回され、戦期末には兵器そのものが不足していた状況であり、新たな農具を作成することなどは望めないことであった。もともと小作人のなかには農具を持たない人もおり、新たな農具を提供できる余裕もない状況にあり、山本が指摘するような農具の提供はできなかったと思われる。大地主は別にして自作農以下には「遊休農具」などは所蔵していなかったと思われる。

2　天水田の肥料問題について

　山本は天水田の場合も肥料が大きな役割を果たすとして次のように指摘
している。「開田は特に天水田の元地力貧弱なるものが多いので十分な堆
肥、人糞尿、等を多肥する事に指導督励を加えねば予期に反する結果を将
来する」。このように肥料が大切であることを力説している。また、自給
肥料と硫安2貫の供給があるとされているが、肥料を確実に転換畑に入れ
させることが必要と指摘している。自作兼小作人は自作地に肥料をやり、
自作者は自作蔬菜地に、その他は闇に流す心配が多いと指摘している。こ
れに対する取締まりが必要であり、これがなければ転換畑の生産は「貧弱」
となると述べている。

　肥料については化学肥料の大半は軍事用に回され、農村には配布されて
おらず、肥料の配布が重要であることについては指摘されているとおりで
あろう。東洋拓殖株式会社や地主の水利安全田に配布され、天水田には配
布されないということを前提にしていると思われる。いずれにしても新た
な天水畑には自家用堆肥が投入できるほど農民側に肥料の余裕がなかった
と指摘し、監視しなければできないことであったとしている。

3　1945年度　植付限界日までの降水糧

　朝鮮でどの程度の降水があったかについては豊作・凶作を決定する最大
の要因であり、総督府は日本の本省に詳細に毎年報告している。朝鮮の豊
凶を決定するのは7月20日までに植付なければ凶作になるといわれてい
た。1945年の7月27日の総督府の報告によれば、大半の地域では3年連
続の凶作後にも関わらず、朝鮮各地の地域では雨量は十分であった。

　植付状況は表1のとおりであり、豊作が予想されたのである。

　以上のような状況から植付時の降雨があったものの、日本の敗戦と
共に常習旱魃田対策と水稲畦立栽培方策は実現せず、朝鮮総督府と農
政行政の解体と共に立ち消えになったと思われる。これだけではなく
1945年5月19日付けの3反部以下の零細農民に供出割り当てをしないと
いう内容を含む「米穀供出対策要綱」などの基本的な農政指示も機能しな

くなったと思われる。

表1　1945年7月20日現在水稲植付道別状況

道名	植付予定面積	植付済面積　町	同上割合　町	昭和19　割合
京畿道	180,550,0	180,550,0	10,00	86.9
忠清北道	39,805,3	39,805,3	10.00	6.39
忠清南道	142,129,3	142,129,5	10.00	6.54
全羅北道	151,127,8	151,127,8	10.00	7.81
全羅南道	178,052,5	178.052.5	10.00	7.04
慶尚北道	156,222.4	156.222.4	10.00	4.21
慶尚南道	143,□□□	143.054,0	9,89	7.61
黄海道	144,024,2	132,749,1	9,40	9.39
平安南道	77,167,1	63,445	8,33	9,60
平安北道	91,642,7	91,649,7	10,00	10,00
江原道	83,656,3	83,656,3	10.00	9.32
咸鏡南道	64,722,3	62,755,7	9,70	9.86
咸鏡北道	17,873,3	16,830,1	9,41	10,00
合　計	1,491,369,3	1,463989,9	9,82	7.71

＊1945年7月20日までの植付状況は良好であったが、その後の天候・水害がどのような状況であったのかは不明である。少なくとも収穫できた米は朝鮮内で消費されたと思われる。

＊本資料は1945年7月20日の植付日であり、収穫は45年秋で、集貨は46年になり、朝鮮北部はソ連軍が占領し、全貌は不明である。毎月植付日の報告が本省に行われていた。7月20日の資料を掲載したのは苗を植え付ける限界日がこの日といわれ、豊凶の区分日であるためである。

＊1945年の秋は1944年度の米と麦の不作により朝鮮での食糧事情が最も困難であった時期となっていたのである。食料の不足が深刻な事態を迎えることが明白になっていたのである。

＊なお、本表は判読できない部分や掲載数字合わない場合がある。

＊この資料は1945年7月27日に朝鮮総督府農務局長から内務省管理局長に提出された文書である。資料名は「本邦農業政策並法規関係雑件――農産物作柄状況1945年」（外務外交資料館所蔵）によった。

(1) 政策発表後に最もまとめて論じられているのは朝鮮農会『朝鮮農業』19巻1号（1945年2月1日発行）。天水田の田転換問題特集号である。論文が4本掲載されている。山本壽巳「常習旱魃田の畑転換と食糧の増産に就いて」、庄

田眞次郎「旱魃田に対する緊急食糧増産対策について」、和田滋穂「常習旱魃田の畑転換に就いて」、佐藤照雄「天水田対策に就いて」である。

（2）なお、『朝鮮農業』のこの号34頁には当時の天水田関係論文リストがあり、16論文が紹介されている。

（3）高橋昇の方法に関する資料は、高橋昇「稲作の歴史的発展過程」（『稲の栽培技術の歴史的発展過程』2006年）、柳沢みどり『農学者高橋昇と「水稲畦立栽培法」の研究』（2023年）。柳沢氏の著作には高橋昇の参考文献が付されている。

第3章　阿部総督の上奏文

第1節　1945年4月の上奏文

　阿部信行朝鮮総督は、就任後、天皇に対して上奏文を提出し、朝鮮支配の概要について説明し、問題点にもふれている。朝鮮総督が朝鮮支配についてどのような説明をしていたかについては研究がないと思われる。また、どのような内容であったかについても確認できていない。天皇がどのような報告を受け植民地支配を認識していたかは重要な問題と考えられる。以下は、阿部総督の上奏文の全文である。

　この上奏文は、全文が公開されるのは初めてであると思われる。本書で取り上げられている内容は農民生活に関することが中心であるが、上奏文の各項には重要な指摘がある。ただし、海上交通がこの時点で「途絶」状態であること、重要産業の労働者不足、日本内から機械類の移入ができないこと、ただし1944年度産米は1000万石の減収となり3年連続の凶作が確定していることなどについては、触れられていないことがわかる。さらに朝鮮防衛、とくに済州島の防備に10万人の陸軍を動員したことなどにも触れられていない。こうした限界があるが、敗戦直前の朝鮮の経済・社会状況の検証には役立つと思われる。

　　「　阿部朝鮮総督統治概況上奏の件

　　　　　主題の件別紙の通に付

　　　　　　供高閲

　　　　　昭和20年4月

　　　　　　　　印

　　　　　　上申書

　　　　　　　　　　　　　　　朝鮮総督　阿部信行

臣信行

昨昭和19年7月大命を拝して朝鮮総督の重任に就き茲に9ヶ月波瀾重畳たる戦局の推移に於ける統理の実情に付謹みて奏上す

1　一般人心の動向
2　陸軍徴兵制の成績
3　学徒の勤労動員と其の実積
4　義務教育実施準備
5　昭和19年度に於ける各種生産増強の状況
6　労働事情
7　交通輸送
8　朝鮮在住民の処遇改善
9　対外関係
10　防衛対策

1　一般人心の動向

サイパン島失陥以来の戦局に変転に伴い時に悲観的批判を下し皇国の敗戦を妄断して米英に阿附し或はソ連の東亜進出を待って機に乗じ独立乃至共産化運動の再燃を謀らんとする策動絶無に非ず　殊に未だ十分に事理を解せざる青年学徒中客気に駆られ不逞の企図に出ずる者あるを遺憾とするも未だ甚だしく具体的且組織的なるもの無し　唯之等の策動が戦局今後の推移特に朝鮮に対する敵の攻撃、内地との交通連絡遮断等人心を衝動する事態の発生並びに之に伴う敵国側の調略宣伝の激化と関連する情勢を想察し各段の注意警戒を加え未前防止に遺漏なからんことを期しあり

鮮内の生活物資は兵団増設、要塞構築等による自衛自戦態勢の強化に伴う軍需優先、輸送機関の軍事目的への動員等に依り相当窮屈の度を加え且つ農村に於ける糧穀供出、労務供出の強化等に依り理解力乏しき一部農民に困惑を覚えしめあるも大多数の民庶は黙々奉公の志を似て其の業に従事し又無垢なる幾多青少年が皇国民としての至純なる忠誠心を発露する感激すべき事態少しとせず現に数名の特別攻撃隊隊員を出し全鮮民衆を感奮せしめたる等の事例は一般民心指導の上に多大の好影響を及ぼせり

今後深く事態の変遷に留意し各種の修養錬成及国民運動と相俟て人心、思想の健全なる暢達を期し征戦完遂に精進せしむる様一段の指導を加えん

2　陸軍徴兵制の成績

昭和19年に於ける半島人の現役兵採用者は本年3月末現在4万4千4百余人に達し中に一部の忌避逃亡等遺憾の事例を見たるも鮮内、内地、台湾等の部隊に於いて夫々皇軍の一員として内地出身兵に伍し軍務に精励しあり又臨時招集に於ては昨19年12月以降逐次実施を見3月末現在3万5千7百余人に達したり之が応召状況は現役兵同様極めて僅少者の事故不参、忌避逃亡等を除くの外特記すべき不祥の事故無く勇躍壮途に就き居れり

昭和20年度徴兵検査は特例に基き本年1月15日より4月30日迄の間に急遽繰上実施せられたるが其の適齢届出状況及現在迄於ける徴兵検査の状況は概ね順調に推移しあり　唯既往の成績に徴するに入営兵中国語力不十分の為教育上支障を感ぜらるるものあるを以て今後入営前の予備訓練に際し特に留意の倍蓰する方針なり

軍人援護の事業に付ては遺漏きを期し来れるが去3月22日篤き御思召に依り恩賜財団軍人援護会朝鮮本部に対し多額の御内幕金下賜の御沙汰を拝し恐愕に堪えず関係機関深く感激して今後援護対象者の増加を予想せらるるに対し一層之が機能の発揮に遺算なからんことを期す

3　学徒の勤労動員と其の実積

昭和19年3月7日「決戦非常措置要綱に基く学徒動員実施要綱」の閣議決定を見たるに照応し朝鮮に於ても夫々必要なる要綱を策定すると共に大学、専門学校、師範学校等直轄学校の学徒に就ては直接朝鮮総督府に於て又中等学校及国民学校第4学年以上の学童に就道知事に於いて動員関係事務を管掌せしめ夫々の実情に即して既に動員実施中にして大学及専門学校は主として工場、事業場に中等学校及国民学校は工場、事業場の外緊急土木工事並に軍需物資及び食糧の増産に動員し顕著なる成果を挙げ居れり

4　義務教育実施準備

義務教育実施に関する基本方針としては就学義務年限を当分の間6年とすること又実施初年度たる昭和21年度に於ける就学率の目標を男子学齢児童の凡そ9割女子学齢児童の凡そ5割となす意図の下に昭和18年度より21年度までの間に於て所要の学級数を増設することに決し実行に移りた

るも時局の進展に伴い人的及物的諸施設の制約を被るに至れり

　然ども徴兵制の実施其の他朝鮮に於ける人的要素の啓培、活用の急務なるに鑑み既定計画の如く昭和21年度より之を実施することとし進行中なるが校舎の新築は暫く之を見合わせ地方所在の既存設備たる公会堂、教会、部落集会所等の活用に俟ち又は既設国民学校に於ける二部授業に依って所要の学級数の増加を図り居れり尚所要教員養成の為には夫々の地に師範学校を新設し男女教員の補給に遺漏なきを期しあり

5　昭和19年度に於ける各種生産増強の状況

　朝鮮の地下及地上資源並に電力、労務等の比較的豊富なるに鑑み単り従来の如く原料を内地に供給し加工品又は製品を内地より補給せらるるに止まらず鮮内に於て之を加工又は製品化するの必要痛切なるものあるを感じ之が実行に着手しあるも時稍遅きに失し諸施設に必要なる資材の入手既に困難なると近時石炭の需給平調を失する為成積未だ予期の如くなる能わず又食糧に於ては主要なる生産地域の干害並に一般秋季旱冷の為予期の収穫を得ざりしことを遺憾とす

　其の概況次の如し

　イ．製鐵事業

　朝鮮の鉄鉱石は内地の製鉄原料を南方に仰ぐを得ざる現状に照し極めて重要なる供給源となり又鮮内の製鉄事業に就ては既設の日本製鉄株式会社兼二浦及清津製鉄所並各地小型溶鉱炉設備に加うるに余剰電力を利用する簡易電気製鉄事業及合金鉄事業の速急実施に伴い其の用途を増加すべき傾向にありしが昭和20年度第1四半期中に於ては大陸よりの対内地輸送力の大部は之を軍隊及軍需品並食糧及塩の搬入に充て爾余の物資に就ては殆ど之を顧みるを得ず又第2四半期に於ては内外地間の海上輸送杜絶を想定せざるをせざるを得ざる情勢に在るを以て其の結果朝鮮の鉄鋼生産上必要とする内地並に満支より供給を受くべき製鉄用原料炭に多大の制限を受け又将来内地に送出すべき鉄鉱石及銑鉄、鋼材の輸送も困難となり同時に内地に期待せる各種転用資材並に一般補修用資材の移入も又杜絶するを免れざる等各種情勢の変移に伴い新に朝鮮に於ける鉄鋼生産自給対策を速急確立するの要あるにいたれり

茲に於て一応大型炉は原料炭事情好転する場合直ちに普通操業に移行し得る程度の最低限の操業を継続せしめ小型炉は無煙炭使用強化の見地より力めて煉骸炭を使用すると共に従来不十分なりし製鋼、圧延関係施設を強化して鋼材の鮮内自給を計る等の緊急措置を講じ且つ満洲国と協調して大陸に於ける総合的生産計画を樹立中なり

ロ. 軽金属事業

朝鮮の軽金属生産事業中アルミニュウム部門に於いては主原料たるアルミナの不足の為未だ既設電解設備の一部を運転しあるに過ぎず従て国産原料に依るアルミナの生産転換の完成する迄はアルミニュウムの減産を免れずマグネシウムに在りては原料苦汁の供給を主として北支、関東州より仰ぎ居る関係上輸送難等に依り其の生産も漸く目標に半に過ぎざる状態なり

之が対策としてアルミニュウムにては極力土頁岩及曽達灰の輸入を図ると共に鮮内に産する長山粘土により人工ポーキサイドの生産を計画実施中なり又マグネシウムの原料苦汁の不足に関しては鮮内苦汁の増産を図るの外集中塩化炉の建設に依りマグネサイト鉱より直接金属マグネシウムの生産を実施し軽金属増産の要請に応えんとす

ハ. 機械工業

朝鮮の機械工業は極めて弱体にして近時急激に発達せる各種重要産業の需要する機械は其の大部分を内地よりの供給に仰ぎ来りたるも情勢の変化に依り昭和19年以降内地よりの供給殆ど杜絶するに至り産業上重大なる隘路を形成したり

然るに鮮内の自動車工業、造船工業その他航空機工業を育成増強するが為は機械工業の急速なる拡充に依る機械工具類の自給化体制の確立方策を講ずるの要ありて内地より相当程度機械工場施設の移駐を要請中なり

ニ. 重要鉱物の生産

朝鮮の重要軍需鉱物に対する峻烈なる需要に応うる為昭和19年度より軍需生産責任制を実施し其の使命完遂に官民を挙げて邁進し来たるたるが特に小運送を中心とする諸種の隘路続出し他面軍の要請に係る諸防衛施設工事に対し手掘り坑夫を主体とする鉱山労務者の大量供出等ありて初期の増産を達成し得ざるもの多きは遺憾なり昭和20年度に於いて

は需要及供給力の両面を勘案し高能率鉱山の重点的稼行に依り可及的に軍需鉱物の生産を確保し非能率鉱山の稼行は一時中止せしめ之等稼行中止鉱山の保有する設備、資材、労力等を他に転活用することに依り時局に対応する増産体制を確立せんとす

ホ．松炭油、松根油の増産

国内液体燃料の需給逼泊に鑑み昭和18年度より山野に散在する松の残枝を似て松炭油の製造を開始し相当の実績を収めしが戦局の推移は更に内外地を挙げて之が増産を要するに至れりを以て本年度に於ては松枝、松根の根本的動員に依り松炭油1万9千6百50　合計16万の大増産を計画し軍官民の総力を挙げ目標の達成に万全を期することとせり

ヘ．食料生産

昭和19年度米穀の生産責任数量は2千6百万石なりし処天候不順の為約1千万石の減収を示し内地移出に付ても多大の困難を生じたり本20年度に於ては平年作柄を基準とし生産責任数量を2千3百60万石と決定し土地改良事業の充実並に耕種法の改善等の措置を強化し之が達成を期することとせるが之と共に旱魃対策として全鮮10万町歩に亘る常習旱魃水田は之を畑に転換し収穫の安定化を図ることとせり尚耕種法の改善に付ては差当り鮮内水田面積の約1割15万町歩に付従来の平畔栽培法を改めて畔立栽培に依る増収を計画中なり

其の他麦類、大豆、粟、甘藷、馬鈴薯、繊維作物等就中麦及諸類の雑穀、畑作物に付極力増産の有達成に遺憾なからんことを期し居れり

6　労働事情

内地における朝鮮人労務者を似て充足するの要求急速に増大し昭和18年度15万5千人なりしに対し19年度は33万余人に及び20年度は更に3倍に近き要求を見んとす然るに朝鮮の主要労務供給源たる農村は漸次供源の枯渇を告げんとし且農産物増産の緊要なるに応じ農業労力の最小限確保を要すると戦時産業の増強及軍事関係に相当多数の労務者を必要とする為労務供源の将来に付ては楽観を許ざるものあり目下之が調節に関し工夫中なり

7　交通輸送

　戦局全般の推移に伴い大陸方面よりの物資輸送量は昨19年度下半期以来頓に増加し朝鮮に於ける鉄道施設に一大補強を加うるの要ありしが幸に南満洲鉄道株式会社より軌条の譲渡を得日夜懸命の努力を以て短時日間に京義、京釜両本線の複線工事を完成し本年3月より其の輸送力を増大することを得て目下実行中の満鮮一貫特殊輸送に大に寄与するを得るに至れり又従来南満洲鉄道株式会社に貸与しありし上三峰、雄基間の北鮮鉄道は本年4月1日を以て同会社に譲渡して名実共に同会社の経営に委し満洲州国、日本海間の輸送の一貫性を確保せしむることとせり

　現在朝鮮内地間の船舶輸送の主体は釜山、馬山、麗水を主とする南鮮諸港と関門、博多両地とを結ぶ線に置かれあるも戦局の推移に応ずる為羅津、清津、元山等東海岸よりする諸航路を至急に増強確保することに付き目下研究工夫中なり

　要するに朝鮮の鉄道、港湾が内地と大陸とを繋ぐ絶体無二の主要幹線となり現状に鑑み之が輸送全能力の発揮に今後共鋭意努力せんとす

8　朝鮮在住民の処遇改善

　朝鮮在住民処遇改善問題に関しては昨年9月臨時帝国議会に於ける政府の所見発表以後一部を除くを外多大の感激を以て之を迎え特に4月1日を以て国政参与に関する法令発布せられ　畏くも詔書を賜ふや何れも広大無辺なる　聖恩に感激し朝鮮統治史上画期的の盛事なりとして一層今後の自奮自励を期し居れり

　之と前後して断行せられたる朝鮮人の内地渡航制限制度の徹低朝鮮人官吏の待遇引上其の他社会的処遇改善も相伴うて一般に好感を与え内鮮一体に理想的状態の到達近きを自覚せしめたるものの如し

9　対外関係

　接壌満洲国との関係は屢次(たびたび)定例的に開催し来れる鮮満連絡懇談会等に依り逐年協力の実を挙げ戦力増強の共同目標下に行う重要物資の相互交流、在満朝鮮人の指導育成等益々円滑なる状況に在り

　ソ連邦及び中華民国との関係は大なる問題無く唯時に諜者の国境を越えて出没する事例及重慶側乃至中共側の調略的行為無きに非ざるを以て厳に注意を倍加しあり

10　防衛対策

　朝鮮の要地に対する敵機の攻撃、敵の侵襲上陸等の事態に対応する諸施
設に付ては陸海軍部との間に於ける緊密なる連繋の下に軍施行の要地防衛
工事、鴨緑江、洛東江、清川江、大寧江等の大鉄道橋の迂回橋梁の架設等
に付夫々遺漏なきを期し更に鮮内重要生産工場及動力源の防衛諸施設並主
要都市に於ける疎開対策、救護対策等に付ても朝鮮総督府及夫々既設の防
衛本部の積極的なる活動を展開し被害を最小限度に食止め民生を確保する
とともに朝鮮の負荷する戦力増強の任務達成に遺憾無からんことを期し居
れり

　尚如上戦況の変化に伴い一般民心に與うる影響の特殊性に鑑み特に治安
秩序の維持に関し鋭意研究中なり

　尚之19年度下半期以後の朝鮮の状況は戦局の一張一弛に因り時に人心
の趨向に注意を要すべきもの無きに非ずと雖も歴代総督深く聖旨を奉戴し
て日夜人心の啓発指導と産業の開発に依る一般生活の向上とに務めたる結
果と累年内外に対する皇国威信の発揚とに依り全般として深く皇国の嚮う
べき所を理解し軍官民一致の努力を傾注して戦力増強の事に従い現戦争目
的完遂に邁進し　聖慮に副い奉らんことを期し居れり

　右誠恐誠惶謹みて奏す

　　昭和20年4月

　　　　　　　　　　　　　　　　　　　　　朝鮮総督　阿部信行　」

　出典：『帝国官制関係雑件　外地一般の部』M—56　昭和19年7月～昭和20
年5月　外務省外交史料館蔵
　　文書は「甲」文書　大臣の署名　次官印　管理局長印　文書課長印あり　マ
イクロフイルムからの複写
　　総理大臣は小磯国昭　内務大臣大達茂雄

第2節　阿部第2の上奏文と総督府の終焉

　阿部信行は敗戦後に上奏書を書いている。書かれたのは1945年9月で

あり、日付けは記入されていない。用紙は朝鮮総督府中枢院の用紙である。本文は 26 頁であるが、カタカナ交じりの文書で字数は多くない。浄書されているが誤字が 1 ヶ所あること、日付けの記入がないことから浄書文ではないと思われる。しかし、内容は阿部本人了解のものと思われる。

　この上奏書はすでに公開されており、内容は項目別に書かれているので項目のみを紹介しておきたい。

（前書）
1　南部朝鮮の状況
（1）米国軍進駐前の状況
（2）米国軍進駐の経過と其の後の状況
　（イ）9 月 6 日米国進駐軍先遺使は京城に飛来……
　（ロ）9 月 8 日米国第 24 軍は仁川港に上陸……
　（ハ）9 月 9 日朝米国国軍は……朝鮮の住民に 3 布告を発表……
　（ニ）北緯 38 度以南の朝鮮に関する降伏文書の調印式は 9 月 9 日
　　　午後 4 時朝鮮総督府に於いて行われ……
　（ホ）降伏文書調印後より引継きホッチ中将以下は朝鮮の各般の行政
　　　部門……
2　北部朝鮮の状況
3　戦災者其の他の内鮮人引揚者の措置

昭和 20 年 9 月　　　日

　　　　　　　　　　　　　　朝鮮総督　阿部信行　」

　この資料は、ほぼ同文が森田芳夫・長田かな子編『朝鮮終戦の記録』資料編第 1 巻に収録されている。ただし、同書には新たに 1945 年 12 月 28 日という上奏日が記入されている。『昭和天皇記』では 12 月 28 日の項に「今般第一復員次官を拝命の上月良夫元第 17 方面軍司令官兼朝鮮軍管区司令官に謁を賜う。……第一復員省人事上奏書類を御裁可になる」と記録されているので、この日に上奏されたと思われる。

　この上奏書では阿部総督が上奏者として書かれているが、阿部は 9 月 9 日の降伏文書に署名をしており、12 日には占領軍司令官のハッチ中将か

ら解任され、遠藤政務総監が引き継ぎを行うように指示され、阿部は19日に朝鮮を退帰しており、この文書はその間に作成されたものと思われる。阿部は帰国していたが12月28日の上月の上奏までには阿部による上奏の機会がなかったと思われる。上奏文は28日となっており、阿部が上奏したのではなく、上月がこの日に上奏したものと思われる。

第3節　1945年9月9日の降伏文書

　この阿部の上奏書では朝鮮民衆の動向を暴動、不穏の動きとしてみているのみであり、36年間の植民地支配、農民支配、苛酷な供出、多くの戦死者を出した徴兵などについては全く何も書かれていない。日本人の安全と連合国軍との調整、ソ連軍の動向などが中心である。朝鮮民衆の動向についての記述はない。したがってこの資料はここでは使用しないが1945年12月に作成された「終戦前後に於ける朝鮮事情概要」は日本当局の詳細な朝鮮内の見方が記録されている。ここでは阿部の総督府退任の様子の紹介にとどめ記録しておきたい。なお、この記録をもとにして他の記録を加えて同じタイトルで元朝鮮総督府官房総務課長・山名酒喜男が「終戦前後に於ける朝鮮事情概要」(『朝鮮終戦の記録』資料編第1巻)に、資料のまとめの様子を具体的に書いているので、12月作成の文書から引用しておきたい。

　この降伏に関する文章は総督府関係者が記録したと思われる。これは「終戦前後に於ける朝鮮事情概要——終戦時並に終戦後朝鮮総督府の採りたる措置——」で全42枚の文書の一部である。タイプ刷りである。表紙には昭20年12月とある。極めて詳細であり、総督府の朝鮮支配崩壊の認識を示し、日本の朝鮮支配から朝鮮が独立した経過を知ることができる資料である。しかし朝鮮民衆の独立への動向については評価、事実の把握は戦時下と変わらないものである。こうした点は上奏文と同様に限界があり、日本植民地支配の終了経過を明らかにする意味では不十分である。事実の確認文書として記録しておきたい。ここでは降伏文書署名が行われた9月9日前後の記録を中心に紹介しておきたい。

「９月８日政務総監は明日の降伏文書調印式のことに関し交渉連絡のために仁川に赴きたるが其の結果に基き式場其他の準備に遺漏なきを期せり。

又、指令に依り９月９日午後４時以降南鮮に於ては日本国旗の掲揚を禁止し人目にふるる箇所の国旗又は標識は之を降下取除くべきを命ずる総督府令を発布せり。

９月９日午後４時より総督府第一会議室に於て既定降伏文書受諾の儀式順序に従い、ハッチ中将及キンケード大将並上月朝鮮軍司令官山口鎮海警備府司令官、阿部総督の間に正式降伏文書に署名を了したり。

之より先阿部総督は終戦前よりの各般政情を苦悩せられてか健康勝れざること多く殊には終戦後措置の督励の苦労も加わりてか遂に調印式当日辛して署名を果されたるか如き健康状況に陥られたり

同日午後４時20分総督府正面門内に掲げありし日本国旗は降下され之に代りて米国国旗か進駐軍の軍楽吹奏裡に掲揚せられたり[1]」。

この署名により日本の植民地支配は終わり、朝鮮南部は連合国軍の管理下に置かれることとなった。なお、現在では朝鮮の解放は1945年8月15日とされており、朝鮮解放の内実からいえば8月15日とするべきであろう。

この文書は第1に朝鮮内で行われた日本側降伏文書の記録であり、植民地支配の終焉の記録であること。この文書の末尾には総督府中枢にいた水田真昌（敗戦時、総督府財務局長）とあり、住所は目黒区中根町有馬薫方とされている。

第2に朝鮮内のインフレの進行、3年連続の凶作に依る朝鮮農村など朝鮮内の矛盾の拡大、日本と朝鮮間の交通杜絶状態の進行などを背景にした緊張状況を反映した文書であること。

第3には朝鮮民衆の独立への動きと日本の敗戦と同時に繰り広げられた建国準備委員会などの動向には全くふれていないことが特徴であること。こうした事実について日本人総督府関係者の意識にはなかったことを示していること。

文書の中心は日本人の保護、帰国・安全に関心があり、朝鮮人の安全、食糧問題、満洲・中国・日本からの強制動員者などの引揚については書か

れていない。内鮮一体と言いながら日本人中心の文書であること。敗戦と同時に植民地支配責任がなかったという認識が表現されている文書である。

　第４には併合以降の朝鮮人を戦争に動員した労働動員、徴兵、神社参拝、農業政策など一貫した日本の朝鮮政策を顧みる文章がないことなどを、日本人として改めて位置づける必要があることを示しているのである。

　なお、阿部は健康を害していたと思われるが病名などは明らかでない。しかし、1953 年 9 月 11 日に没したとされている。

　こうした意味で「上奏文と終戦前後に於ける朝鮮事情概要」を作成した文書総督府官僚たちの姿勢のあり方として読む必要があろう。

　第５に阿部個人のことであるが、健康がすぐれず、早期の帰国を連合国軍から指示され、遠藤政務総監より早期の帰国（9 月 19 日）を指示されたことなどが明らかにされていること、また、19 日の帰国は米軍の航空機による帰国であったと推定されることを検証すべきであろう。その後の阿部は戦犯容疑で逮捕されるが、すぐに釈放される。この理由が解明されていない。

　なお、阿部は重篤とされていたが、1946 年には回復していないという手紙を関屋真三郎に出しており、その後の病名は明らかでない。公式には1953 年 9 月 11 日に没したとされている。また、この文書が作成、上奏された日が 1945 年 12 月 28 日であり、またこの日で退官したとされていたためであろう。退官の記録は今のところ発見されていない。

(1)「近代立法過程研究会」収集文書 no.21 阿部信行関係文書 10、5 頁。朝鮮総督府関係文書から。本資料は「終戦前後に於ける朝鮮事情概要」で全 42 枚の文書の一部である。

第4章　日本本省の100万人労働動員要求

　解放直前の危機的状況とも関係するので、農業以外のいくつかの重要な政策課題と関連する、上奏された諸問題を紹介しておきたい。労働動員、徴兵、交通・運輸などの日本と関係の深い事項である。これらの事項は天皇に報告されていた。

　朝鮮総督府にとって農業問題と同時に労働力の「供出」が課題となり、特に日本国内への農民の動員が課題になっていた。いわゆる日本への強制労働動員である。阿部総督の上奏文にもふれられている。すなわち朝鮮人労働動員は、天皇に報告されていたのである。

第1節　上奏文と強制動員

　日本にとって戦時体制の遂行と維持のため、背景となる労働力の維持は重要課題であった。すでに兵力動員と戦死者の増加により労働力不足が深刻になり、1938年の国家総動員法が成立されて、1939年からは朝鮮からの日本への戦時強制動員も開始されていた。朝鮮の戦時動員は日本への動員に加えて、朝鮮内の短期労働動員、朝鮮北部の開発労働、農業生産の増強要求などがあり、労働力は窮迫していた。また、1944年には朝鮮人の兵士としての動員が開始された。朝鮮人の満州移民なども、朝鮮内から計画的に実施されていた。同時に在日朝鮮人も、兵役年齢になっていた人は徴兵されていた。

　前項で取り上げた農業問題は、上奏文の第5項の「昭和19年度に於ける各種生産増強の状況」の1事項であるが、この「労働事情」のみで独立した第6項として取り上げられている。それだけ重要な課題であることを示している。取り上げられている重要な問題として、1945年度の日本からの動員要求が100万人であることを「天皇に報告」している。1944年

に33万人動員されていたとしているので、その3倍である。すなわち、ここで、第1に日本本国政府が100万人を超える朝鮮からの労働動員を要求したこと、第2に44年には33万人という動員数字が挙げられていることが明らかになっている。これらを正確な数字とすることができるのではないかと思われることを検討したい。

　なお、日本への強制動員については、韓国・日本国内で多くの調査・研究書が刊行されている。特に韓国での調査委員会による、多くの研究成果を参照されたい。日本でも基礎資料紹介を含む資料が多く刊行されている。なお、日本国内の強制動員労働者を含む在日朝鮮人統制管理動員をおこなった協和会が、強制動員・管理・統制に大きな役割を果たしたことを検討することも必要な作業であろう。[1]

　まず、100万人を超える朝鮮人動員が、本国から朝鮮総督府に要求されたことは、阿部総督の天皇に対する報告に書かれていることであることから、虚偽であることはないと考えられる。また、44年度の実際の動員数は33万人であるとするが、『特高月報』、外務省資料などで同数が確認できることからも、官の統計と上奏文では一致している。1944年度の動員数実績は33万人と考えられる。

　この100万人を超える日本本省の要求については、上奏文ですら「朝鮮の主要労務供給源たる農村は漸次供源の枯渇を告げ……楽観を許さざる」状況になっていると、その困難性を指摘している。日本本国と朝鮮総督府で調節中と述べられている100万人という数字だが、1939年から始められた日本への労働動員総数は、44年度までに合わせて約73万人余であり、それを大幅に超える数字である。なお、日本へ動員された人々の契約期間は2年間であり、動員先では帰国を要求して争議になっていた事例も多くなっていた。さらに動員先の賃金支払い、処遇をめぐる動員者の抵抗や逃亡者も多かった。一例を挙げておくと、1944年1月末現在の福岡県でもっとも動員数の大きかった企業は麻生鉱業所である。この企業の動員労働者受け入れ数は7996人であったが、逃走者が4919人、「不良」送還者107、その他「帰鮮者」数654、現在員数2903、備考として死亡56、発見再就労643、在日朝鮮人労働者785人となっていた。[2]

　この企業は7996人を受け入れながら、2903人の現員が残るのみであり約5000人が減少している。その大半は逃走者で、4919人である。朝鮮に

送還された「不良送還者」（抵抗者・病気）は207人、逃亡したが再発見者は643人であった。逃走者4919人、不良送還者207、再発見者643人を合わせると5769人になる。ここから再発見者643人を引くと5126人となる。このほかに死亡者が56人いるが、これは福岡県内企業では最大の犠牲者数である。この麻生鉱業所の逃亡者の多さ、再発見で引き戻された労働者の数、不良送還者などが多いことは労働環境が厳しかったことの反映でもあった。また、動員労働者の低賃金、食事の少なさ、郷里への送金体制の不備などが存在した。こうした事実は朝鮮内でも知られており、朝鮮人労働動員に応ずる人は少なくなっていた。

　また、朝鮮内動員は拡大し、小学4年生以上の学生生徒、女性の日本国内への挺身隊員としての動員などが実施されていた。日本だけではなく、満洲移民も各道に割り当てられ、農業移民として家族単位で満洲の奥地に動員されていた。この朝鮮人農業移民は44年には応募数には達していなかった。朝鮮内では労働力不足で賃金が極端に高騰していた。

　100万人動員は無理であったことは、諸条件を見れば総督府関係者にとっても明かなことであり、同意しかねることであった。1945年4月からの動員は、渡航手段の船舶の手配も困難となり、現在のところ具体的に公文書資料からは動員者が確認できていない。

　さらに、総督府側ではすでに労働者が「枯渇」している中での日本政府の動員指示であり、朝鮮内の労働賃金高騰から経済的な混乱が起きており「新興所得層」の存在が問題になっていた。日本への朝鮮人強制動員者が手にする賃金より、朝鮮内都市労働者などに高賃金が支払われていたのである。また、日本国内でも炭坑などから逃亡した朝鮮人が、軍の土木工事の現場などに高賃金を求めて働いていたが、それは20万人以上に達していた。朝鮮でも、日本国内でも経済的な混乱から戦時労働体制が統制できなくなっていたのである。100万人動員要求は現実を無視していた「架空」の構想であった。

　上奏文が決済されたのは45年4月で、新年度を過ぎており、この100万人動員構想は輸送手段の杜絶などで実現しなかったと思われる。この時期になると日本と朝鮮・満洲をつなぐ大動脈を結ぶ船舶は大半を失い、朝鮮では500トン以下の木造船の輸送が主になり、しかも動力源としての石油が不足し帆船建造が叫ばれていた。米や物資はもちろん、人の輸送も困

難になっていたことが背景にあった。

(1) 山田昭二・古庄正・樋口雄一『朝鮮人戦時労働動員』（岩波書店、2005年刊）、対日抗争期強制動員被害調査及び国外強制動員犠牲者等支援委員会『委員会活動結果報告書』（同委員会、2016年）、竹内康人『調査・朝鮮人強制労働1～4』（社会評論社、2015年）、樋口雄一『協和会——在日朝鮮人統制組織の研究』（増補改訂版、社会評論社、2023年）など多くの著作があるので参照されたい。

(2)「労務動員計画に依る移入労務者事業場別調査表」(1944年1月末現在、福岡県)による（山田昭次編『朝鮮人強制動員関係資料 2』、緑陰書房、在日朝鮮人資料叢書5所収資料）。

第2節　朝鮮内の戦時労働動員

1　なぜ朝鮮内動員か

　日本では戦時下朝鮮人の労働動員というと、1939年から開始された日本への強制労働動員のみである、というイメージが強い。しかし、朝鮮人戦時労働動員はこれだけではなく、朝鮮で暮らしていた広範な朝鮮人にとっても強制的に割り当てられていたのである。多くの朝鮮人にとり負担となり、あるいは動員中に怪我や死亡した場合もあろう。韓国や日本の研究者による日本国内の動員についての研究はあるものの、朝鮮内の動員については、資料の紹介が部分的にあるだけで、研究論文等は極めて少ない。そこで、日本の公文書で明らかにできる範囲で、朝鮮内の実態を示しておきたい。これは朝鮮総督府統治下の出来事の中でも、朝鮮人に対する大きな被害を与えた事実の一つだからである。

　この動員は朝鮮人家族の中から働き手を奪うことになった。朝鮮内動員は各道（日本の県に相当、13道あった）に割り当てられ、道では割り当て係がおり、郡（道の下部機構）に割り当てている。さらに面（町）・里（村）に割り当てられた。この割り当て実数・総数がまとめられ、項目別に報告されている。強制動員がもっとも大規模になされたのが1944年度であり、小磯総督から阿部総督下で実施されたものである。しかし、動員数につい

図1　徴用令違反者の検挙を断行

徴用令違反者の検挙を断行　[illegible]

上命を受けて欣然と飛力増強の職域へ飛出す全鮮南道の応徴士が続出する一面、なほ時局を認識せず徴用を回避する非国民的なものが一部にあつては折角の応徴者に相済まぬと道警察部が道内一斉に徴用令の違反者検挙を断行、目下多数の容疑者を取調中であるが、原口警察部長は戦局の推移と労務動員の強化を力説、戦線にもまして日夜不安に明け暮れしてゐるものに対し、この際それなく期間内に自首するやう呼かけた

警察官の指示した期日までに警察署または駐在所へ自首し次回の徴用あるひは斡旋に応ずる者に限り検挙を保留す△指定期日までに自首せざるもの、自首して正当の事由なく徴用または官斡旋に応ぜざるものに対しては徹底的に所在を捜査して検挙、厳罰に処す

＊徴用回避非国民は検挙、自首を勧める方針　朝鮮内の強制動員者への処置である。（1945年3月7日付　朝日新聞南鮮版）

図2　罷免の断も下す　応徴士服務規程を改正

〝罷免〟の断も下す【応徴士服務規律を改正】

応徴士を信頼しその名誉を尊重する意味から従来応徴士の服務規律には罷免の規定がなく単に訓告、譴責の程度に止められてゐたが最近一部の応徴士が長期にわたつて欠勤しあるひはひそかに他の工場で働くなど職場の秩序を乱し増産に支障をおよぼす実例があるので総督府ではこのほど受入工場側に労務管理の改善刷新を慫慂すると同時に服務規律を改正して新に罷免の一項を加へ不良応徴士は職場から淘汰されると同時に特別錬成所に入所させ皇国臣民としての自覚反省を促し新勤労精神の昂揚をはかるはずで徴用忌避など悪質のものにはこのほか総動員法によつて厳重に処罰する

怠け者は體刑處分

ますく重要性を加へて来た労務経済関係犯罪の処理方針について法務検事局では次のやうに語つた

経済関係ではできるだけ容疑の作成を簡易化しそれによる余力を犯罪の検挙に充て戦時下における悪行為の撲滅に振り向ける　また生産増強の基調である労務者の待遇に関しても検事局で積極的に活動し徴用に応じないものや職場を離れようといふものなどに対しては体刑処分をとると同時に受入側においても労務管理を是正し労務者が物心両面ともに安心して働けるやうにしてほしい

＊朝鮮内動員者「応徴士」の服務規律を厳しくし、従わない者には厳罰として特別錬成所に入所させ、職場離脱者は体刑処分とすることを決定（1945年2月21日付　朝日新聞北西鮮版）

ては資料により、あるいは論者によりさまざまである。「特高月報」、「社会運動の状況」「知事引き継ぎ書」などの日本国内治安関係資料からの出典と、朝鮮総督府各道の資料は相違していたはずである。しかし、総督府資料は大半が処分されていると考えられる。そこでここでは、総督府と日本政府間の報告書が掲げている資料を基に検証することにしたい。総督府が作成し本省である「外務省」に報告された資料である。

この動員過程に関する報告書は「昭和19年　帝国官制関係雑件、朝鮮総督府管制の部」にあり、外務省外交史料館で公開されている。項目別に報告されているので、動員内容別の道別実数を紹介しておきたい。道別に紹介すればより実態に迫ることができるが、膨大でありわかりやすくするために、動員種別と年度、総数のみを挙げておきたい。なお、中国東北地区・「満洲」にも動員されていたが、ここでは「日本国」内のみを対象とする。

2　朝鮮内の労働動員

表1　「国民徴用数実積調」

地域別	1941年度	1942年度	1943年度	計
朝鮮	—	90	648	738
内地（日本）	4,895	3,871	2,341	11,107
南方	—	135	—	135
				11,980

＊南方には在日朝鮮人の土木工事経験者が基地建設に動員された。南方には朝鮮人農業移民も送られた。
＊朝鮮内の日本軍には軍属として採用された人々がいた。

表2「国民徴用状況調」

	1941年度	1942年度	1943年度	総計
朝鮮各道計	4,895	4,096	2,989	[11,980]

＊この表は各道別に作成されているが省略し、総計のみとし［　］で区分した。総数は筆者が計算した。
＊この表の備考には「徴用員数は全部軍関係とす」とあり、朝鮮内日本軍に雇用されていたと考えられる。

表3　「1944年各道別労務動員見込表」　　　　　　　　　　　備

	道内動員数	道外動員数 （道外供出割当数）	引受数	総計
朝鮮各道合計	608,743	435,000	101,500	1,145,243

＊道外動員数は他道供出（本府あっ旋）、内地供出、軍要員供出数を合わせたる
　ものとす）

＊本表中には本府保留数3500人を含む

　この数字は朝鮮総督府側の労働動員数のとらえ方であり、道内とは韓国
の県に相当する道内動員をいい、道外は外の道への動員で総督府の各道へ
の割当数をいう。この割り当ては強制的であり、対象はすべて朝鮮人に対
する割り当てであり、在朝日本人は対象になっていない。強制動員は朝鮮
内外、日本国内でも日本人とされながら処遇は全く違い、朝鮮人にのみ課
せられていたのである。

　なお、道外動員数については日本国内動員、南洋、樺太を含むとされて
おり、動員総数を計上する際には考慮を要する。日本国内動員、南洋、樺
太動員数を除いた数が朝鮮内道外動員数となる。

　この動員については江原道を事例として実態を拙著『植民地支配下の朝
鮮農民——江原道を事例として——』（社会評論社、2020年刊）193頁以下
を参照されたい。

表4　「軍需労務要員斡旋数調」

	1942年	1943年	1944年（見込数）	総計
総数	18,390	9,326	30,000	57,716

　数字は年により相違する。1942年はアジア太平洋戦争開始直後であり、
1944年は敗戦直前で朝鮮内飛行場の建設、済州島の防衛施設労働者需要、
など朝鮮内防衛施設に動員されたのである。具体的に軍からの要求はどの
ような内容であったのかについての解明はこれからの課題である。さらに
動員期間、賃金、などについても明らかでない。

　個別道の数字は省略したが1942年現在で1万人を超えるのは全羅北道・
全羅南道・咸鏡南道の3道であった。1944年には見込み数であるが、全
羅北道・全羅南道・忠清南道・慶尚北道・平安南道・咸鏡北道・咸鏡南道

の 7 道である。全道 13 道の内、7 道である。動員が著しく強化されていたことが明らかである。

最大の動員数は開発が強化されていた 1944 年度咸鏡北道の 3 万 6720 人である。戦時下に開発が進行していた朝鮮北部地域での動員である。朝鮮南部の人口増加地域では全羅南道が 1942 年からの 1944 年見込み数を含めて最も多くなっている。鮮内とは朝鮮内居住朝鮮人をいい、日本内居住者 200 万人、中国・満洲地区居住者約 250 万人余は含まれていない。府・及び道斡旋とは総督府斡旋と道斡旋に分けて実施されたため、表 5・6 のように分類されている。

表 5　「朝鮮内需要労務者斡旋数」（本府斡旋）

	1942 年	1943 年	1944 年
○	47,300	52,094	105,000
×	47,300	52,094	105,000

備考　○印は供出数　×印は引受数とす但し本府引受 3500 は保留員数とす

表 6　「鮮内需要労務者斡旋数調（道斡旋）」

	1942 年	1943 年	1944 年（見込数）	総計
各道合計数	333,976	408,976	608,748	1,351,700

府・道の労働者の斡旋数は 30 日間の動員と 60 日以上の動員が存在したと考えられる。他道に動員された場合は宿舎の手配などもあり、府斡旋は 60 日以上が多かったと思われる。この動員については道の場合は近在の軍施設、工場、道路整備などに動員された。農繁期に動員された場合も含まれる。60 日以上は重要工事場、緊急に必要になった軍施設であった。膨大な人員が動員されたのである。

韓国では短期労働動員数の基礎資料を、戦後日本で作成された『日本人の海外活動に関する歴史的調査　通巻第 10 冊朝鮮編』大蔵省管理局刊によっている。

なお、この短期労働動員は日本国内でも協和会を中心に、在日朝鮮人に全国規模で実施された。

第3節　日本国内への労働動員

　日本国内への労働動員状況は、表7のとおりである。この表をまとめると渡航者数は表8（次頁）のようになる。

表7　「内地樺太南洋移入朝鮮人労務者渡航状況」

年度	区分	国民動員計画に依る計画数	募集許可（幹旋）申請数	募集許可（幹旋割当）	渡航者数
1939 年度	内地	85,000	52,131	52,131	49,819
	樺太		6,466	6,466	3,301
	南洋				
	計	85,000	58,597	58,597	53,120
1940 年度	内地	88,800	65,870	65,870	5,599
	樺太	8,500	910	4,510	2,609
	南洋		1,150	1,150	8,142
	計	97,300	71,530	71,530	59,398
1941 年度	内地	81,000	67,638	71,328	67,098
	樺太	1,200	1,521	1,521	1,491
	南洋	17,800	2,169	2,169	1,781
	計	100,000	71,328	71,328	67,098
1942 年度	内地	120,000	117,410	117,410	111,823
	樺太	6,500	6,500	6,500	5,945
	南洋	3,500	2,150	2,150	2,083
	計	130,000	126,960	126,060	119,851
1943 年度	内地	150,000	145,125	145,125	100,252
	樺太	3,300	3,300	3,300	2,473
	南洋	1,700	1,700	1,700	649
	計	155,000	150,125	150,125	103,374
1944 年度	内地	290,000			
	樺太南洋	10,000			
	計 300,000 + 30,000 = 330,000*				

　＊この 3,0000 人は追加として動員された。上奏文も 330,000 とされている.
　　備考として 1943 年割当数は 4 月末現在、渡航数は 2 月末現在とある。

表8 日本への年度別労働動員数

1939年	1940年	1941年	1942年	1943年	1944年	総計
53,120	59,398	67,098	119,851	103,374	330,000 + 6,000 = 336,000*	738,841

＊この6,0000人は国民学校卒の朝鮮人女性（推定数）。予定数は1万人であったが、送出できない分が存在したと考えられる。

日本への強制労働動員の総計は73万8841人となる。しかし1945年度には朝鮮からの渡航手段がなく、帆船や機帆船を使用して渡航したという一部証言があり、多少の誤差があると考えられる。また、渡航者が老人、病人、少年などの場合、在留させずに送還された人がいたが、人数は確認できていない。さらに徴兵制後に1944年徴兵後に軍人として日本国内部隊や「農耕隊」「船舶兵」として国内各地に配属された軍人とされた人々もいた。[(1)]

1945年度は1944年度の3倍になる要求が政府から総督府に要求されているとして、上奏文書では「目下之が調節に関し工夫中」と天皇に報告している。上奏は1945年4月に行われており、45年度初には決定されていない。制空権はなくなり、大型船での労働者輸送は無理であったと考えられる。

1944年度の労働者動員については前項に見るように統計は不十分であり、別に各道動員割当数の資料があるが、実際の動員数、渡航数は記録されていないため省略した。しかし、1944年度資料には女性動員が初めて記録されているので、合計数である1万人の道別内訳（道名、割当人数）を紹介しておきたい（表9）。この中で実際に何人送られたかは実証されていない。三菱名古屋工場、富山不二越、沼津東京麻糸等が判明しているが、三菱・不二越以外の詳細は明らかでない。6000人前後が確認できるが明確な数字は明らかにできていない。動員対象とされていない道があるが理由は書かれていない。

なお本節資料の「労務者」という用語は、資料のママとしたが、筆者の用語として使う場合

表9 1944年度道別女性動員供出割当数表

道名	人数
京畿道	1,450
忠清北道	500
忠清南道	1,200
全羅北道	1,300
全羅南道	1,500
慶尚北道	1,600
慶尚南道	1,350
黄海道	300
合計	10,000

は労働者とした。年号は資料では元号であるかすべて西暦とした。

　また、ここで使用した資料はすべて朝鮮総督府が植民地管理のために作成した資料である。本資料も労働動員のために必要な人員の予算を確保するために作成した資料である。この資料はいわゆる本省文書であり、この文書を基に担当者の増員などの資料としたのである。「高等警察に関する事務に従事する者の増員説明」であるが、これには（1）として朝鮮人労務者内地移住取締に要する増員」、（2）として「朝鮮人労務者内地移住取締に要員」とする事項が加えられ、各種調査を付して警察が中心に調査を行い、機密文書であることなどが書き添えられている。増員が必要である理由を述べているなかで、「成果」を数字で説明している添付資料である。

　著しく動員が強化され、動員人員も最も多くなった時期である。この時期の総督が阿部信行であった。この動員下で朝鮮人の置かれた状況がどのようなものであったのかは多くの証言と事実があるが、阿部が天皇に報告した内容にはそのことは触れられていない。

　なお、表1の内地の項に、3年分合計で1万1107人という数字が挙げられているが、この徴用は具体的な就労場所が明らかでない。このため表7の一覧には加えていない。なお、検討を要する。

　なお、帝国植民地支配という意味では「台湾」農民の台湾内動員、南方占領地動員、日本国内動員についても触れなければならない。日本への動員はほとんど検証されていないが、台湾から少年工が大量に海軍に動員され、日本国内各地の海軍工廠に配属された。このことについては、神奈川県『大和市市史』と市史資料叢書5『高座海軍工廠関係資料集──台湾少年工を中心に──」1995年刊（樋口解説）がある。三菱重工名古屋工場では空襲で多くの犠牲者を出し、高座海軍工廠でも犠牲者が出た。台湾の人びとは南方に動員された。一部研究があるが、これからの課題である。

（1）塚崎昌之「朝鮮人徴兵制度の実態」『在日朝鮮人史研究』2004年、竹内康人『戦時強制労働調査資料集』神戸学生センター、2007年がある。他にも雨宮剛編『もう一つの強制連行　謎の農耕勤務隊』自費出版、2012年などがあるが、この部隊は第1回徴兵の乙種徴兵不合格者を集めて勤務兵として編成し、その一部が日本に配属されたと思われる。しかしながら労働動員数として紹介する際には軍人としての徴兵者であり、ここではここでは労働者として数字を紹介するのが適当と考えられている。

第5章　上奏文と徴兵

第1節　第1次徴兵と臨時徴兵

1　上奏文第2項「陸軍徴兵制の成績」

徴兵制の実施と徴兵実積と労働力兵士としての二重徴用

　朝鮮人の徴兵制の実施発表があったのは1942年5月のことである。この朝鮮人徴兵の経過と戦死者数などについてはかつてまとめたことがあり、概要については参照していただきたい[(1)]。だが、正確には確定数については資料により違いがあり、概数をまとめてあるにすぎない。

　朝鮮人徴兵は1944年と同年度末期に実施された。兵力不足から急遽徴兵されたのである。上奏文では1944年の第1回徴兵を説明している。

　しかし、この上奏文では当局が把握していた第1回の徴兵数が正確に書かれていると思われる。上奏文によると1945年3月末現在、4万4400余人であるとしている。朝鮮人徴兵は朝鮮内、日本国内、「満洲国」、中国にいた徴兵年齢に達していた人々に実施され、その総計が上記の数字であると考えられる。それでも100人以下は省略されている。私の著作では4万5000人としているのであるが、この修正という意味で価値があると思われる。

　一つはそれが朝鮮人徴兵があったことを知れる資料であり、否定できない数字という意味でも貴重であると考えられる。本稿では改めてこの徴兵数の検討と、1944年12月以降徴兵とは別に「臨時徴兵を実施」した経過を紹介したい。

2　朝鮮人の第1回徴兵人員数について

　私は大野禄一郎文書や敗戦後の記録などから4万5000人という数字を

使用した。しかし、阿部の上奏文では 4 万 4400 人と具体的に数字を示している。これでも丸めた資料であると思われるが、私が使用した数字の 4 万 5000 人よりは正確であると思われる。徴兵合格者の割合は、日本人と比べれば非常に少ない比率を示しており、それを上奏文では忌避、逃亡などであるとしている。徴兵までの過程でも朝鮮人の逃亡は多かったと考えられる。日本人との差は大きかったのである。このことを阿部は正直に報告している。これが敗戦を迎えての天皇にどのような影響を与えたかについてはこれからの研究課題である。

3　新たに位置づけられた 1944 年臨時召集・二重徴用

　朝鮮徴兵検査受験者のうち甲種合格者を除く乙種合格者は、「朝鮮軍師団管区司令部補充兵一覧」（1945 年 2 月 28 日編成[2]）によれば、朝鮮各地の朝鮮内部隊に配置された。この一部は日本国内に配置され、日本では農工隊、船舶兵などと呼ばれていたことが知られている。これらの人々は総計 3 万 9667 人に達していた。

　しかし上奏文では、徴兵とは別に 1944 年 12 月以降に 3 万 5700 余人の「臨時召集」を行い、1945 年 3 月に編成を終えていると報告されている。ただし、この部隊は日本人の数人の幹部軍人が指導し、大半の兵士が日本語ができず、兵器も持たされず、輸送、食糧生産、飛行場の建設などを主な任務としていた。「臨時召集」であっても兵士というのが正式の任務であり、以下に朝鮮内の勤務隊の一覧を挙げておきたい。これは労働が目的であっても、また乙種であり、日本語ができなくとも徴兵検査を受けた存在として軍の一部として位置づけられていたということである。単に労働力としてのみ動員したとは、上奏文では見なされていないのである。「兵士」、すなわち徴兵した人々として位置づけられている。こうした点が私の小論では不十分であった。これを補うために朝鮮内に配置された、武器を持たない労働目的の朝鮮人兵士について明確にしておきたいのである。

（1）樋口雄一『戦時下朝鮮の民衆と徴兵』（総和社、2001 年刊）。また在日朝鮮人の徴兵については『皇軍兵士にされた朝鮮人』（社会評論社、1991 年）を参照されたい。なお、韓国では日本の支配下の徴兵と実態についての研究は少ない。韓国史上の出来事ではないとしていること、日本軍に在籍したことは

韓国史としての評価には値しないなどの理由である。
(2) 前掲、103頁所収。

第2節　朝鮮在勤勤務隊一覧

　この徴兵者の乙種以下の兵士で、朝鮮内部隊に配属された人々は配属先を含めて以下のとおりである。資料は『方面軍　軍管区　諸部隊通称号　所在地一覧』（第17方面軍　朝鮮軍管区参謀部、1945年7月10日現在）によって作成した。原資料のうち「防衛省戦史室蔵　部隊名と所在地」のみをリスト化し、通称号は省略した。

方面軍諸部隊
第36野戦勤務隊
　　第36野戦勤務隊本部　　　　　　　木浦
　　　陸上勤務166中隊　　　　　　　済州島
　　　陸上勤務167中隊　　　　　　　済州島
　　　陸上勤務168中隊　　　　　　　鰍（木編か）子島
　　　陸上勤務169中隊　　　　　　　可之島
　　　陸上勤務170中隊　　　　　　　於蘭鎮（蘭要か）
　　　陸上勤務171中隊　　　　　　　高下島
　　　陸上勤務172中隊　　　　　　　木浦
第37野戦勤務隊
　　第37野戦勤務隊本部　　　　　　　釜山
　　　陸上勤務第173中隊　　　　　　釜山
　　　陸上勤務第174中隊　　　　　　釜山
　　　陸上勤務第175中隊　　　　　　釜山
　　　陸上勤務第176中隊　　　　　　浦項
　　　陸上勤務第177中隊　　　　　　馬山
　　　陸上勤務第178中隊　　　　　　統営
　　第10野戦勤務隊本部　　　　　　　太田
　　築勤務第41中隊　　　　　　　　　済州島

建築勤務 59 中隊　　　　　　太田

陸上勤務第 210 中隊　　　　　羅津

陸上勤務第 211 中隊　　　　　羅津

陸上勤務第 212 中隊　　　　　平壌

陸上勤務第 213 中隊　　　　　京城

陸上勤務第 214 中隊　　　　　京城

第 58 軍

第 1 特設勤務隊

　第 1 特設勤務隊本部

　特設勤労第 4 中隊　　　　　済州島

　特設勤労第 5 中隊　　　　　済州島

　特設勤労第 6 中隊　　　　　済州島

　特設勤労第 7 中隊　　　　　済州島

　特設勤労第 8 中隊　　　　　済州島

　特設勤労第 9 中隊　　　　　済州島

　特設勤労第 10 中隊　　　　　済州島

　特設勤労第 11 中隊　　　　　済州島

　特設勤労第 12 中隊　　　　　済州島

　特設勤労第 13 中隊　　　　　済州島

　陸上勤務第 166 中隊　　　　済州島

　陸上勤務第 167 中隊　　　　済州島

第 150 師団

　陸上勤務第 181 中隊　　　　井邑

　陸上勤務第 180 中隊　　　　群山　小隊 150 名

軍管区諸部隊通称号所在地一覧

　第 38 野戦勤務隊

　　陸上勤務第 180 中隊

　　陸上勤務第 181 中隊

　　陸上勤務第 182 中隊

　　陸上勤務第 183 中隊

　　水上勤務第 77 中隊

水上勤務第 78 中隊

水上勤務第 79 中隊

第 39 野戦勤務隊

第 39 野戦勤務隊本部　　　　　清津

陸上勤務第 184 中隊　　　　　清津

陸上勤務第 185 中隊　　　　　清津

陸上勤務第 186 中隊　　　　　清津

陸上勤務第 187 中隊　　　　　清津

陸上勤務第 188 中隊　　　　　清津

陸上勤務第 189 中隊　　　　　清津

特設陸上勤務第 105 中隊　　　馬山

特設陸上勤務第 106 中隊　　　釜山

特設陸上勤務第 107 中隊　　　羅津

特設陸上勤務第 108 中隊　　　釜山

特設陸上勤務第 109 中隊　　　木浦

特設陸上勤務第 110 中隊　　　済州島

特設水上勤務 109 中隊　　　　釜山

特設水上勤務 110 中隊　　　　釜山

　以上が朝鮮内の臨時朝鮮人徴兵者の所属部隊名と所在地である。このほかに日本国内に配置された部隊があるが、記載されていない。この資料に示される戦期末の配置状況からいくつかの点を見てみることとする。

　1944 年の徴兵検査終了後、甲種合格者を中心に徴兵され、朝鮮、日本国内、満洲などに配属された。合格対象以外の乙種対象者は同年 12 月に「臨時徴兵」の対象とされ、徴兵された。この兵士たちは武器は持たされず、労働を目的にした「○○勤務隊」と呼ばれた部隊名をもつ中隊単位で朝鮮各地に組織された。大半の勤務隊は、少数の日本軍幹部以外はすべて朝鮮人で構成された。

　部隊の配置先は朝鮮全土に広がっている。当時日本軍は、連合国軍が済州島に上陸すると想定し軍を集中させていたが、これを反映し多くの勤務隊を済州島に配置している。港湾施設を持つ地域にも輸送労働などを目的に配備されている。飛行場建設などの土木工事にも参加している。こうし

た臨時召集者の実態から、彼らが日本陸軍の構成者として位置づけられていたことは明らかである。できるだけ詳細に紹介したのは、これらの人々に対する戦後補償はなされていないと考えられるからである。このことについての研究は少なく今後の課題である。

　なお、この勤務隊の一部は日本国内にも配置され、農耕隊、船舶兵として動員されている。この位置づけに関してはこれまで論文、著作などがあり参考にして関連を明らかにすべきである。

　以上、敗戦直前の朝鮮情勢について農業・強制動員・徴兵の上奏事項に即して検討した。総括的な朝鮮民衆の状況や経済などの評価を検討し、敗戦を契機として朝鮮人の日本への距離を有した行動が、日本の敗戦受け入れの要因を構成していたことを明らかにしていきたい。

　また、ここでは朝鮮における第1回徴兵を取り上げたが、兵力不足は深刻であり、急ぎ第2回徴兵検査が行われた（前掲注『戦時下朝鮮の民衆と徴兵』105頁を参照されたい）。

第6章　戦時交通・運輸の実態

第1節　日本と朝鮮の海上交通

　戦時下の日本にとり、占領地・「満洲国」・朝鮮・台湾との交通杜絶は、帝国の崩壊を意味する重大な問題であった。上奏文では第7項で京義、京釜線の複線化により1945年3月から満洲との一貫特殊輸送路が完成したこと、また「満洲国」と朝鮮の羅津、清津、元山と日本海ルートを検討中であるとしている。

　上奏文は結論部分で「要するに朝鮮の鉄道、港湾が内地と大陸とを繋ぐ絶対無二の主要幹線となりし現状に鑑み之が輸送全能力の発揮に今後共鋭意努力せんとす」と述べているが、現実は極めて困難な状況であった。

　1944〜45年にかけての朝鮮内交通の実態は深刻な状況にあった。朝鮮農民から供出された米の輸送もままならず、滞貨の山のなかにあったというのが実態であった。人の交通にまで制限が加えられた。また、朝鮮と日本間の鉄鋼船は制空権がなくなり、潜水艦などによる攻撃を受け、船舶数は少なくなり、機帆船、帆船数が多くなっていた。1944年になると海上交通の要になっていた大型輸送船の大半が沈没させられていた。夜間も潜水艦の攻撃があった。また、軍の優先配船が多くなっていた。運べるトン数も減少していた。帆船は積載トン数も少なく、現代の輸送には向かない存在であった。石油は不足し機帆船エンジンの油もそれまでに使わない材料を用いたため、エンジンがかからなかったという船長の証言もある。

　総督府は1942年夏に港湾能率化を決定し、合理化のために主要各港に港運株式会社を設立させ、荷役の統合合理化を進めていた。戦時運輸体制を整えるためにそれは実施された。しかし、艀の不足、倉庫整備の遅れ、揚場整備の不完全、配船の不十分などから港湾荷役の機能が十分発揮されていなかった。

　本章では朝鮮と日本の最大の交通要衝地であった釜山の実態を中心に明

らかにしていきたい。なお、以下の釜山港の状況は1943年7月総督府警務局経済警察課調査の「港運会社の荷役並びに運営状況」朝鮮総督府法務局『経済情報第9集』（1943年11月刊）収録の参考資料「港湾会社の荷役並に運営状況」による。郡山港は元来米の輸出港として有名であり、この時期にも名前があげられてはいるが、2〜4月間は3000トン1隻以外は1000〜2000トン未満の小型船であるとしているので、ここでは取り上げなかった。米などの輸送は船舶不足により、輸送路が陸路に変更になったためであると思われる。

第2節　釜山港の状況

　釜山港は日本との関係では最大の関係を持つ港であった。以下に前掲資料により概要について紹介しておきたい。以下、すべて釜山港の概況である。

　表1は軍の輸送が多かったことを示すと思われ、輸送されたものは物資や兵員などであろう。統計は取れなかったと思われる。また、帆船の比率が毎月高くなり、汽船が減少していることがわかる。すでに日本国内、朝鮮でも木造船建造が盛んになり、それが就航していたのである。推進機関の製造や、動力としての石油が不足していた。動力源がない帆船が多数を

表1　釜山港の入港船舶の概況

種別	1943年1月	2月	3月	4月	計
軍需品の輸送をなすA船	40	46	47	65	198
海軍関係船舶たるB船	不明				
内地に船籍ある汽船	62	50	48	56	216
内地に船籍ある帆船	48	38	64	63	213
朝鮮に船籍ある汽船	17	89	77	108	291
朝鮮に船籍ある帆船	62	18	81	101	262
朝鮮にて供出米運送の為使用せる船舶	39	64	83	148	334
計	268	305	402	541	1516

図1　重点を帆走に

重點を帆走に
機帆船々員を更に訓練

＊1944年までは重油を使用していたが、それを帆走のみで輸送するように船員を訓練する方針としたことを報じている(1944年8月20日付 毎日新聞朝鮮版)

占めるようになっていたのである。鉄製の、あるいは機関のある大型船は少なくなっていた。それでも帆船を含めて、隻数としては最大の334隻が米の移出に関わっていたのである。

　こうした状況のなかで最大の隘路になっていたのは、港湾荷役が順調でなかったことである。港湾業務を担当する会社が釜山には40余社存在したが、統合直後で運営が効率的でなかったこと、それ以外に本船との荷揚げ地までの艀不足、配船不均一、倉庫不足、荷役人夫不足、糧穀配給量の不足があり運営の障害になっていたとされている。不足が深刻であった艀は朝鮮の外の港から買入れたり、新造していたが労働者不足であり、宿舎

増設などの対策をとりつつあった。

第3節　天皇上奏直前の釜山港

　物資輸送の要は釜山港にあったが、1945年1月11日付の朝日新聞南鮮版は以下のように木造機帆船の運用を報じている。

　「勝利の輸送　みなと釜山の決戦新春
　みなと釜山には玄海の黒潮を乗越えて沢山の木造機帆船が重要物資を満載して威勢よく出入りする、勝つための海上輸送、荒くれた逞しい海の男の五体は"海上勤務に召された"重責と栄誉に高鳴る。
　玄海は決戦場比島に通ずる悪天候も竜巻もはた敵機、敵潜も物かは輸送戦士の闘魂は火と燃える、頻々たる敵機の本土来襲に対空監視はもちろん対潜監視も厳重を極め昼夜不眠不休の警戒に努めている。板子一枚地獄の玄海も決戦場であれば死して悔いぬ海国日本魂、ここにも特攻精神は脈々と漲っている。威勢のよい掛声に帆布を鳴らして今日も無数の機帆船が釜山港に入る。海と陸に逞しい男同士のうれしい交換、無事輸送の大任を果たした機帆船の重要物資はやがて陸の荷役戦士に引き継がれる。勝つためにはこの身を砕けと荷役戦士が軽々かつぐ重たい荷物、海陸渾然一体となって猛然物資輸送に体当たりする真摯な姿こそ勝利への合唱だ」

　前節で述べた1943年の状況のおよそ2年後のことであり、機帆船か帆船以外の鉄鋼船の数は極めて少なくなっていたと思われる。このころになると飛行機すら木造で作られ、朝鮮でも試験機が作られたと報じられている。木造船の大きさは抑えられ、機帆船から帆船が大半になったと思われる。さらに1945年度に予定されていた日本国内への朝鮮人動員者の渡航・動員は困難になっていた。物資の流通もわずかになり、中国・台湾・満洲・朝鮮からの貨物物資動員が止まりつつあったのが実態であった。各駅には滞貨が見られ、物資の流通から見れば深刻な状態であった。日本国内用の満洲大豆粕も、朝鮮内での滞貨状況を見た総督府が、滞貨のままでは使えなくなるとして食用とする希望を出しているほど、滞貨が問題になってい

図2　木造船を!!

造れ！送れ！
そして、撃つのだ

木造船を

今こそ我等のこの手で船を
決戦は船だ
火の様な熱意と凡ゆる援助
國民全體の────
でも出來ぬ
造船所と鐵工所の努力だけ
而も船は────
はこゝにある
造船、いま一億の增產焦点
苛烈な戰局の先陣を征く木
船部隊なのである

仁川造船工業株式會社
仁川府中區若松町
二番地

朝鮮造船工業株式會社
仁川府中區若松町
二四九番地

株式
會社
朝鮮造船鐵工所
仁川府中區若松町
一番地

大仁造船工業株式會社
仁川府万石町二番地
（ロ八廠）

＊この時点で海上輸送は木造船に頼るようになっていた（1944年10月26日付
　朝日新聞西鮮版）

た。上奏の文章とは大きく相違している内容であった。

第4節　木材の海上輸送

　木造船は日本国内でも作られるようになったが、朝鮮南部の木材不足は
深刻であり、これに対する対策がとられることになった。この一つが日本
から筏で木材を運ぶという方法であった。出発地は軍事秘密で報じられて
いないが、二連結筏で釜山港に到着したとされている。海を筏で木材を運
んだのである。全国で初めてであると報じられている。以下に新聞記事を
紹介しておきたい。

　「連結筏釜山へ安着
　二筏連結曳航という全国に初筏がはるばる〇〇浬の荒波を乗越えてこの
ほど釜山港に到着した。波浪のため切断された牽引ロープを継ぎ足した跡
も生々しく、幾多海上の苦闘を秘めて大きな図体を運んできた。これは本
年9月朝鮮木材の姉妹会社として発足した朝鮮海洋筏会社の手になったも
ので朝鮮総督府の曳舟船に曳航され無事着筏したのであるが、船舶の需要
ますます増加し、木材の海上輸送は筏によらねばならぬ今日この二筏連結
曳航は大きな示唆を与えるものといえよう[1]」。

114

　筏による木材の移入は総督府自身が考え、実施したものである。このことは、いかに船舶が不足していたかを示している。それはまた、朝鮮北部の森林地帯からの木材供給ができないこと（船便がないこと）を示していた。筏を結んでいたロープは切れ、結びなおしていたと書かれている。筏輸送は完全ではなかったようである。これほど無理な輸送はできなかったと思われる。その後の実態は明らかではない。この記事は敗戦の8ヶ月以上も前の輸送事情の報道であり、その後連合軍の攻撃はますます厳しくなり、上奏されたころには、輸送は崩壊状態に近くなっていたと考えられる。この交通・運輸に関しては、上奏内容は事実との大きな乖離があり、誤りであったといえよう。

　(1) 1944年12月13日付、朝日新聞南鮮版による。

第5節　朝鮮の鉄道交通と関釜連絡船

　朝鮮では物資、人的交流は鉄道であった。特に朝鮮北部と「満洲国」からの日本への資源輸送は鉄道であった。この朝鮮鉄道については『朝鮮鉄道史』など文献が多いが、ここでは戦時末期の状態について年表的にまとめておきたい。

　この朝鮮鉄道充実については、上奏文にもあるように京釜線複線化が完成している。これにより物資と人的な動脈としての機能が充実したのであろうか。

表2　戦時下の釜山を中心にした物資輸送年表

年代	事項
1944.8.11	船舶運営会は機帆船の動静掌握と計画荷役の円滑化を図るために博多、唐津、今回門司支部内に南鮮中継課を新設、万全を期すことになった。これと阪神、四国、若松に中継係を設置し、釜山と「内地各地と結ぶ連絡緊密化と適正な計画荷役を図る目的である」と報じられる。タイトル「門司に中継課新設」(朝日新聞南鮮版　1944.8.11 付)
1944.8.16	「初盆の殉職船員慰霊」。大東亜戦で海の第一線で散華、初盆を迎えた海の戦士の海の霊を慰める田巻釜山地方交通局長は盂蘭盆の15日府内の府内22の殉職船員の遺族を訪ね供物を霊前に供えた。
1944.8.18	臨時海運管理令の発動を受け釜山の3造船所が整備統合される。1943年に設立された釜山造船工業会社で朝鮮船舶工業会社、亜造船会社、日の出造船会社との4社となる。(朝日新聞朝鮮版　南鮮版・西部版 1944.8.18 付)
1944.8.20	機帆船を「帆走」できるよう船員を訓練。重油が不足し機帆船を帆走できるようにするため。タイトル「重点を帆走に　機帆船員を更に訓練」(毎日新聞朝鮮版　1944.8.20 付)
1944.8.21	九州炭・山口炭を朝鮮に運ぶために総督府は朝鮮の小型船・帆(所有者・借受人)に奨励金を出すことを決定。(朝日新聞　1944.8.24 付)
1944.8.27	港湾荷役能率向上のため8.26から隊列出勤を進める。愛国班単位。(朝日新聞南鮮版　1944.8.27 付)
1944.8.29	決戦非常処置要綱実施。「満洲、支那方面」旅行の場合乗車券購入は原則的に官公衙、会社・警察署長、愛国班長の旅行証明が必要となり、列車に余裕があれば乗車券を発行していたが、今後は証明書なしでは発行しないこと、会社発行の証明も認めず警察署長、面長発行以外は認めないこととされる。(朝日新聞南鮮版　1944.8.29 付)
1944.9.6	釜山海運報公会は川崎汽船・三井船舶・辰巳汽船・日本郵船・大阪郵船、山下汽船で構成される。各関連会社、官庁も参加。(朝日新聞南鮮版　1944.9.6 付)
1944.9.12	タイトル「港湾荷役」。慶尚南道勤労動員指導本部釜山府に勤労挺身隊を設けることを決定。挺身隊は18歳〜50歳まで。男子全員町会長が隊長、隣組長が班長、港湾荷役に挺身。期間は戦争終了まで。
1944.10.26	広告「急げ　造れ　木造船を‼　前線の将兵は叫ぶ　一機でも一艦でも多く　だが、南に点在する無数の『基地』に血の補給を敢行する海の突撃隊こそは実に木船部隊なのである　苛酷な戦局の先陣を征く木造船、いま一億の増産焦点はここにある　而も船は――造船所と鉄工所の努力だけでも出来ぬ　国民全体の――火の様な熱意と凡ゆる援助

	を要するのだ　決戦は船だ　今こそ我のこの手で船を木造船を　造れ送れ　そして　撃つのだ　　仁川造船株式会社　朝鮮造船工業株式会社社　朝鮮造船鉄工所　大仁造船工業株式会社」 ＊広告で活字はそれぞれ大きさが違う。下段横面を使用。（朝日新聞西鮮版　1944.10.26 付）
1944.11.13	船員を対象に鉄道ホテルで釜山海員奉公会が発会式を行う。海の輸送力強化のため。（朝日新聞南鮮版　1944.11.16 付）
1944.11.15	慶尚南道では 10 月 25 日以来、2 万 3000 人を動員して埠頭労働に愛国班員を動員していたが 15 日で打ち切り、今後は青年隊、青年訓練生が代わることになった。今後は知事を委員長とする。慶尚南道知事を委員長に慶尚南道港湾勤労委員会を設立することになる。愛国班員を動員しても重い荷物は運べなかった。（朝日新聞南鮮版　1944.11.15 付）
1944.11.22	タイトル「釜山港の隘路をつく　埠頭に眠る貨車の列　常雇用人夫の増強こそ急務」常雇人夫は全体の 5 分の 1 の人数、報国隊荷役は常雇の 5 分の 1 などの問題がある。（朝日新聞南鮮版　1944.12.22 付）
1944.11.24	タイトル「埠頭へ体当り精神　最高幹部も現場に出よ」。賃金が低いこと、重労働であること、待ち時間は賃金に入らないことなどの問題があることが指摘されている。（朝日新聞南鮮版　1944.12.22、24 付上・下記事）
1944.12.20	港湾荷役労働者を診察した医師は 7 割が治療不要であると証言。タイトル「怪しい罹病率と供出割当──医師がつづる労務隘路」。（朝日新聞南鮮版　1944.12.20 付）
1944.12.27	全羅南道の入営前の青年を対象に港湾荷役特別挺身隊を結成。24 日に隊旗を授与、26 日知事が授与式を実施。（朝日新聞南鮮版 1944.12.27 付）
1945.1.10	釜山港には沢山の木造機帆船が日本から到着。荷役の写真入り。（朝日新聞南鮮版　1945.1.10 付）
1945.1.12	タイトル「機帆船をガス機関に切替──無煙炭使用の代燃装置に成功──。重油不足から無煙炭を不完全燃焼させ焼玉に爆発させガス機関とする方法で朝鮮船舶運航統制会社が採用、毎月機帆船の機関を改装、毎月○○隻に設置することになった」と報道される。（朝日新聞南鮮版　1945.1.12 日付）
1945.1.17	釜山船舶運営会は船員部を新設、その下に総務課、海務課、木船課を置き船員管理を行うことになる。（朝日新聞朝鮮版　1945.1.17 付）
1945.1.20	朝鮮交通局、緊急物資などの輸送強化策として幹線、支線の大幅な旅客列車の運休、休止を決定。各線の詳細が発表される。（朝日新聞南鮮版　1945.1.20 付）

1945.1.23	釜山新義州間の複線化が完成したと報道される。大陸物資輸送の2〜5割増加が見込める。タイトル「半島の輸送力強化」。（朝日新聞南鮮版　1945.1.23付）
1945.1.30	「鉄道は兵器として戦っているが今は不要不急、買出し旅行が後を絶たぬ、このため警察が不要不急の禁止、買出しは禁止、公用の場合は最高責任者の分証明書が必要であり、一般愛国班員は所轄警察から証明をうける」。（朝日新聞南鮮版　1945.1.30付）
1945.2.2	船員座談会（上）　タイトル「戦場へ1トンでも早く、まず油の問題が重大」。昨年まで油もあったが、この頃は難しい。油の節約のため帆走するように。本社は指導するが走ると帆が小さいこと、舵が小さいなどの問題があり思い通りの航海ができなかった、と船長が述べている。クレオソート油を使えとされるが成績は悪い。エンジンの始動ができない。これだけでは駄目である、との船長の発言が掲載されている。（朝日新聞南鮮版　1945.2.2付）
1945.2.10	3月1日に京城で釜山新義州間複線開通式が実施される。（朝日新聞南鮮版　1945.2.10付　同3.2付に竣工式実施されたことが報じられている）。
1945.3.7	4月1日から旅客運賃の値上げを決定。急行料金の大幅値上げ。小児の無賃は1人限り。（朝日新聞南鮮版　1945.3.7付）
1945.3.8	「鮮鉄」運賃発表。京釜間運賃と京城大阪間など。京釜間3等20円50銭。（朝日新聞南鮮版　1945.3.8付）
1945.3.10	釜山船舶運営会釜山支部陣容を強化。新設された船員部を置き、各地に駐在員を置くなどを実施。船員部には木船部も置かれた。（朝日新聞南鮮版　1945.3.10付）
1945.3.30	下関・釜山間では3月29日〜4月1日は特定人以外は乗船できず。一時乗船券の発売を停止。（朝日新聞南鮮版　1945.3.30付）
1945.4.3	重要物資輸送のため急行は「光」1本にすると鮮鉄が時間改正。運転休止線も各線に広がる。（朝日新聞朝鮮版　1945.4.3付）
1945.5.19	日本国内で空襲被害・戦災者で帰国した朝鮮人はそれまで無賃乗車券が配布されていたが、18日からは有料になると発表。（朝日新聞南鮮版　1945.5.19付）
1945.6.2	朝鮮交通局では内地行旅客に対する乗車船券の発売を停止していたが6月1日発の第2列車（光）から発売を開始、ただし当分手荷物の受付は停止と報道。（朝日新聞朝鮮版　1945.6.2付）
1945.6.28	朝鮮交通局、朝鮮・満洲・日本間の手荷物は7月1日からすべて有料制にすることを決定と発表。同時にそれまでの各割引を廃止。（朝日新聞朝鮮版　1945.6.28付）

＊戦時下の各新聞から輸送関係記事の主要な部分をのみを取り上げた。

＊朝鮮人の労働動員については港湾関係のみとした。

＊港湾荷役労働については滞貨の主要因なので収録した。

＊交通機関の「闇の乗車」など民衆の抵抗といえるような行動は記事としては存在するが取り上げなかった。

＊ここでは交通をめぐる民衆の荷役「協力」が愛国班による動員で民衆の負担であったこと、港湾荷役は重労働のなかでも労働がきついので一般の人が働けないのに機械的に動員したのである。当時は闇が盛んで、列車を使い買い出しに交通を利用した逞しい人々については触れることができなかった。

＊使用した新聞の発行、記事は戦期末になるに従い保存・発行が不十分でなく、交通関係記事も少なく、十分でない。特に4〜5、7〜8月は欠号となっている。

＊兵員輸送などの軍事輸送については記事となっていない。軍事機密は記事とされていない。同様に労働者動員の発着、船名などは発表されていない。

　この年表では関釜連絡船については取り上げていないが、1943年10月5日に連合国軍の潜水艦により、連絡船最大の規模を誇っていた崑崙丸が沈没し、公式発表では655人が犠牲になった。2050人が定員であったから、兵員の犠牲者ではなかったなどの風評がたった。以降、崑崙丸と同規模の天山丸が就航しており、このほかに興安丸、金剛丸が連絡船として使われた。この沈没後、連絡船員の逃亡、崑崙丸が夜行便であったために夜行便の乗客減少などが起きた。物資の輸送にも使われていたが詳細は明らかではない。

第6節　戦時末の交通事情

　滞貨の山、帆船中心の運行、木造船が輸送の中心になるなど「近代」の輸送からは考えられないほどに輸送事情は悪化していたことが新聞で報道されている。阿部総督の評価が誤った内容の上奏であることが明らかである。

　軍事機密とされ報道されない船舶の沈没や軍用船の動向は明らかではないが、連合国軍潜水艦の活動や制空権がないために日本の多くの大型艦船が沈没していたのである。

　戦時末には輸送は杜絶状態になり機帆船・帆船が主な輸送手段になって

いたと思われる。

　阿部自身の就任時や上奏のための東京までの移動が、航空機による渡航であったことが交通杜絶状態を象徴しているのである。なお、朝鮮人船員で動員され、犠牲になった人々も多い。戦時下に重視されていた強制動員労働者の 1945 年度の移送も公式書類では確認できず、軍の船舶で渡航したなどの証言があるにすぎない。日本国内で空襲が激しくなると在日朝鮮人の帰国希望者が多くなったが、大半の人々は切符が買えず帰国できなかった。

　なお、この時期の朝鮮交通事情については、1945 年版の『朝鮮事情』や敗戦後に刊行された『朝鮮交通史』（鮮交会、1961 年）がある。この別冊に資料編があり、年表が付されている。

　さらに戦後は大蔵省管理局『日本人の海外活動に関する歴史的調査』朝鮮編第 8 分冊第 18 章「交通の発達」があり、官側の立場で鉄道、港湾、造船、荷役などの概要を書いている。なお、この資料の 19 章「土木治水」の項でも港湾について触れられている。

第2篇　植民地における日本人と朝鮮人の乖離

第1章　植民地末期の朝鮮社会と日本社会の乖離

第1節　朝鮮人の暮らし・伝統と植民地支配

　阿部信行は1944年8月に総督として朝鮮に赴任し、歴代総督が推進した日本の政策、すなわち米の収奪、労働力動員、兵士としての朝鮮人動員、戦時動員は「当然」の如く推進されるべきであると考えていた。彼の訓示などを見ても、朝鮮支配に不安を感じさせるような内容はない。彼は日本軍2個師団と、朝鮮全土に配置されている警察、日本の官僚機構の力を信じていたのであろう。

　日本は内鮮融和・内鮮一体を植民地政策の柱としていた。この柱の一つが日本の神社の朝鮮人への普及である。一面（町）一社政策として戦期末に神社を作ることを強要し、朝鮮人を動員、協力させた。しかしながら、阿部総督支配下の時期でも、朝鮮人の日常生活の中で基本的な言葉・衣食住・生活慣行などの民族的な慣習に大きな変化はなかった。朝鮮人が民族的生活慣行を保持していたとすれば、日本の支配はうわべだけのものにすぎず、乖離していたと考えられる。朝鮮人が民族的な伝統を守ることができていたということは、1945年8月15日と翌日の16日に、自作の朝鮮国旗を掲げた行進・デモ行進が朝鮮全土で起きたことから説明できる。大半の朝鮮人は日本の支配から解放されたと感じていたのである。

　これを証明するために本章では、先に掲げた言葉・衣食住・生活慣行について、植民者である日本人と朝鮮人の乖離の実態について述べておきたい。なお、これらのことを検討する際の対象とするのは、朝鮮人人口の8割を占めた農民、自作農以下の人々であり、都市の居住者のなかでも下層社会に住む人々としたい。検討の際には、朝鮮が、日本人と朝鮮人の人口比率でいえば圧倒的に朝鮮人が多い世界であったことが前提になる。都市は日本人の比率が比較的高く、農村の多くは朝鮮人により占められていたことも検討要因としなければならない。さらに、朝鮮人は数百年にわた

る李朝社会で生活を積み重ねており、36年の日本支配のなかで簡単に変わるものではないことも考慮の対象にすることが必要であろう。こうした前提で朝鮮人の生活誌と実態を考えたい。また、比較対象としての日本人社会についても観察しておきたい。⁽¹⁾

1　言葉・朝鮮語の使用について

朝鮮人の日本語の習得率は、金富子『植民地期朝鮮の教育とジェンダー――就学・不就学をめぐる権力関係――』（世織書房、2005年刊）に詳しいので参照してほしいが、特に女性の就学率は極めて低く、男子の半数にすぎなかった。さらに、日本人は小学校に、朝鮮人は普通学校に通学していた。成人朝鮮人男性の多くは普通学校、あるいは書堂（朝鮮人の民間教育機関）に行って学び、戦期末の徴兵時には徴兵年齢の半数は日本語ができたが、半数は日本語ができなかった。日本軍に徴兵されたのは日本語が理解できる人で、できない人は労働を目的にした勤務兵として徴兵されていた。日本に強制動員された人では、日本語がわからない人の多くは炭坑や土木現場に動員された人が多かった。工場などに動員されたのは普通学校を卒業した人々で、日本語ができた人々であった。

日本の工場へ動員された女性も、皆普通学校を卒業した人々であり、日本語ができた。なお、戦争末には、農村では女性も田畑の労働に参加し、都市では愛国班の会合に参加させられ、さまざまに働いていた。日本語を使う頻度も多くなっていた。しかし、朝鮮人が朝鮮語世界に存在していたのは間違いはなかった。それは家族を単位とする家であった。

大半の家には年長者と父母が共に暮らしていたのである。それらの人の前では通じない日本語は使用できなかった。大半は朝鮮語世界に住んでいた。年長者に失礼になるような日本語の使い方はできなかったのである。朝鮮人は、朝鮮語生活文化のなかにいたことを確認したい。

2　朝鮮人の衣生活について

朝鮮人農民の衣生活は極めて簡素なものであった。日本では独自に発展した朝鮮服の構造や歴史、所持する衣服の数、冬と夏着などについては調

図1　モンペ着用は絶対励行

モンペ着用は絶対励行

各代表者集めて府當局要望

一人残らずモンペで働抜く覚悟で

*モンペは1944年末になっても
普及が進まず、京城府では絶
対励行を代表者を集めて要求
していた（1944年8月12日
付 毎日新聞南鮮版）

べられていないことが多い。もちろん、地主や官僚などの衣生活は豊かなものであったが、多数農民の衣生活は寒さをかろうじて耐えるものにすぎなかった。

統制下の衣服については、拙著『戦時下朝鮮人の農民生活誌』で紹介した忠清南道の梧谷里の調査報告である方山烈「生活様式及び保険上より見た農村の実況」（『調査月報』朝鮮総督府、1942年1月号）がある程度である。ここで課題とすべきは、朝鮮民族が白衣民族といわれているような白衣着用の問題である。日本当局は白衣が洗濯、熱湯での煮沸、乾燥などの工程があり、労働加重などで経済的でないことなどから、労働に向かない白衣をやめることを奨励した。また、日本国内では白衣着用に反対する在日朝鮮人統制組織「協和会」により、大阪などでは協和会幹部が、駅などで白衣の朝鮮人女性の白衣に墨を塗る、切符を売らないなどの行為があったと、協和会関係機関紙に書かれている。

　朝鮮での白衣否定の強制で、都市部では戦時下に国民服が朝鮮人にも強制され、女性の上衣は袖を短くされたりした。下衣はモンペが強制されたが、下着には朝鮮服の下着が着用されていた。国民総力朝鮮連盟の愛国班では配給券があり、これらの衣服政策については国民服とモンペが普及された。しかし、日本人がいない朝鮮人が大半の集住地区、農村では白衣と男子の朝鮮服は消えなかったと思われる。1943年11月号の『京城彙報』（京城府の公報紙）の愛国班の回覧板では時々の課題が指示されていたが、衣服についても細かな指示が出されている。「チマは筒型　女性の意気を示せ」というタイトルの下に「和服平常着（礼服以外）は筒袖を断ち袖丈1尺以内とし、元禄袖・船底型又は筒袖とする事　朝鮮服『チマ』は筒型に

改め周衣及び上衣の長紐はボタンに取り替える事　これにより 10 月 1 日から服装を一斉に改めることになっていますが、今までのところ朝鮮側の成績はとても良くないように見受けられます。これでは決戦の覚悟も覚束なく思われます。早速決まり通り改める事にいたしましょう」としている。ボタンを変えるにしてもお金が必要で、手間もかかることで朝鮮人女性には評判がよくなかったのである。

　これは都市のことであって、特に人口の大半を占める農村は日本人がいないか、極単に少ない地域が多く、朝鮮服の世界が広がっていた。農村で面（町）・里（村）で日本人が単独で暮らしているのは、規模の小さな地主、日本人地主の管理人として現地で農場経営にあたっていた人などがいたにすぎない。

　朝鮮人の衣服の他に寝具、靴、帽子などについては、民族的な伝統を持つ皮、藁、木でできている靴があったが、ゴム靴の登場で大きく変化していた。

　なお、ここでは触れることができなかったが、小作農民の衣生活は極めて厳しく、寒い冬期に着る服の確保が困難であり、夏・冬を通じて 1 ～ 2 着ですごすことが多かった。

　朝鮮に住む日本人の衣服は和服、農民は野良着であり、日本での服装と違わなかった。

3　朝鮮人の食生活と日本人

　朝鮮は農業国で、農産物生産の第 1 位は米であった。米中心の経済体制のなかで日本の植民地になったのである。日本の植民地収奪の中心は米になった。

　米の収奪史については、既に李熒娘『植民地朝鮮の米と日本』（中央大学出版会、2015 年刊）で明らかにされている。朝鮮総督府が米収奪を強化するために行ったのが、朝鮮の天水田に米を植えさせる政策であった。もともと朝鮮には水利ができる水利安全田と水利のない雨水に頼る天水田があった。天水田では麦・大豆・芋・トウモロコシなど朝鮮農民にとり大切な食糧になる畑地であった。この畑地でつくられる白菜・大根などの畑作物でキムチが日常的に作られ、蛋白質は大豆からできるテンジャン（味噌）

によって保たれていた。主食は雑穀（混食が中心であった）で、各種のキムチと味噌汁で構成された食事であった。これでかろうじて食が維持されていたのである。ところが、ここに総督府は稲作を行わせ、米の生産をさせた。農民にとって食に必要なヒエ・粟・トウモロコシ・芋類など雑穀に分類される穀物・野菜を天水田で栽培することができなくなったのである。

天水田は雨が降らなければたちまち凶作になった。凶作になると農民は離村、流浪しなければならなかった。それでも総督府は 1945 年まで、天水田に米を作らせたのである。農民の食事情は悪くなり続けた。朝鮮の食は春窮期（2〜5 月）にとれる野草を含めて、野菜中心の食文化を作り上げるほどの豊かさを持つ国であったが、それが大きく変化せざるを得なかったのが植民地朝鮮の食であった。

また、併合時を基準として農産品で生産が増加したのは、米と品質が良い朝鮮大豆のみで、麦などの収穫量は増加していないことを指摘する調査論文もある。

戦時下朝鮮人の食事情が最悪になるのは、質的にいえば、満洲大豆粕の配給が始まる 1943 年頃からであると思われる。大豆粕食が始まると大豆粕がいかに栄養が高いかについて書いた論調が登場する。中木喬「決戦下食糧としての玄米食に就きて──附　大豆粕米食」(『京城彙報』1943 年 2 月)では玄米、白米、大豆粕のタンパク質、脂肪、澱粉などの「養分」表が示され、大豆粕が格段に高く評価・説明されている。大豆粕食は「栄養上実に推奨すべきものである」とされているが、一方で消化不良や下痢を起こすこともあると指摘している。これについては、食べた人の胃腸の適応性ができれば消化も良くなり、「野菜や肉類の配給の少き現時に於いてはむしろ推賞すべきものであると思う」と評価している。この論調に対する評価についての反論は明らかではないが、朝鮮で肥料として扱われていた大豆粕が食用として配布されたことについては、抵抗が存在したと思われる。

1942 年からの 3 年連続の凶作のなかで、朝鮮人の食事情は極端に悪くなり、この時期に幼少期をすごした朝鮮人の子供たちは、身長が低くなっていた。このことについては朝鮮農村社会衛生調査会編『朝鮮の農村衛生』(岩波書店、1940 年刊) に、慶尚南道蔚山邑達里調査をもとに実態的に実証されている。

図2-1　満州から送られた「大豆米」

＊原料大豆粕が到着（写真上）後、大豆米としての大きさに切られ、一部
　は豆粉にされ（写真中左）、愛国豆粉と書いてある「美しい袋」に詰めら
　れて（写真中右）、倉庫に積まれている（写真下）。

図 2-2　戦時下朝鮮人の食を苦しめた「大豆米の登場」

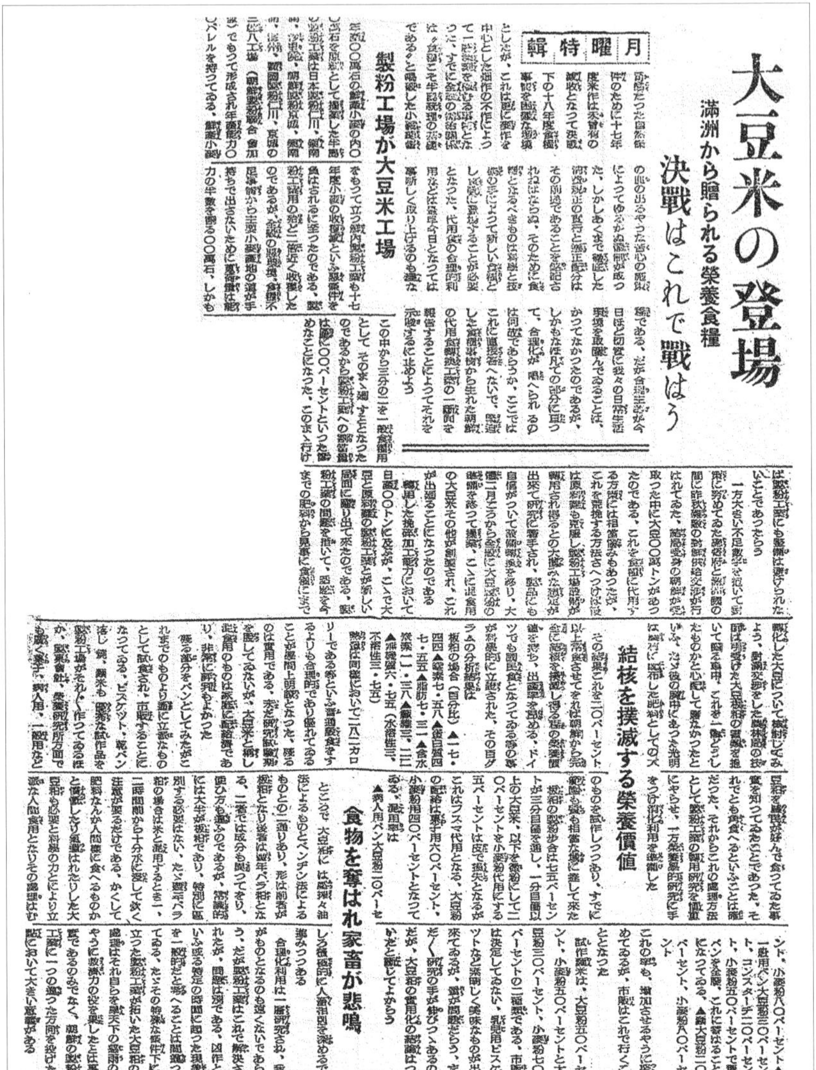

（図 2-1.2-2 とも 1943 年 4 月 12 日付　京城日報）

阿部信行総督下になると制空権と海上交通は極端に悪化した。特に海上交通となる船舶は、玄界灘での昼の交通は困難になり、鉄製の1000トン以上の船の航行はできなくなっていた。連合国軍の潜水艦により撃沈されて、物資の輸送ばかりではなく、強制動員の労働者も日本への渡航ができなくなっていた。日本との物資の輸送は木造船が中心になっていた。

朝鮮内の物資の輸送は杜絶し、米を含めて朝鮮内では滞貨の山となった。日本国内に向けた満洲の大豆粕が朝鮮内で滞貨となり、朝鮮内で農家に配布したいという申請を総督府が外務省にしているほどで、大豆粕を含めて総督府と日本の外務省は食料の取り合いになっていたのである。朝鮮内の食料事情はより深刻さを増していたのである。

また田・畑作以外でも、三面を海に囲まれている朝鮮で最も利用されていたのは鱈であり、寒さの中で干して「棒鱈」として山間部に普及していた。タラコは日本まで普及した。総督府はタラコのパンフレットを2冊も刊行している。他の魚種・ミョルチなど様々な小魚も乾燥させて、多食されていた。今でも市場で各種売られている。

朝鮮食の問題として日本人が忘れてならないことは、朝鮮人の食と関連する食の道具である箸（チョカラク）、匙（スカラク）、椀（コギ）などである。これらは伝統的に真鍮製で、家族で受け継がれてきたものである。それが航空機の生産にとり欠くことのできない真鍮という資材であったことで、これを朝鮮人から強制的に供出させたのである。これに代えて当局は瀬戸物の陶器を配布した。椀の裏には「日の丸」が書かれているものもあった。食に伴う朝鮮の伝統文化の破壊であった。

4　住宅をめぐる諸問題

朝鮮人と日本人の差がはっきりとわかるのは住宅である。日本人は日本式住宅に住み、朝鮮人は伝統的な住宅に住んでいた。大半の朝鮮人住宅、特に農村では藁（稲・あるいは麦）屋根に小さな窓がある建物が大半であった。朝鮮住宅の最大の特徴はオンドル（温突）の存在である。オンドルは朝鮮の寒さを防ぐ優れた暖房設備であり、大半の家にあった。この暖房については権錫永『オンドルの近代史』（ソウル・一潮閣刊）がある。北海道大学教授で、長くオンドルの研究をされている氏による、優れたオンドル

の機能の解説書である。

　オンドルは食事を作る釜の火の熱と煙が、床下を流れ家全体を温める機能を持ち、すべての農家にあり、各部屋、家全体が温められた。床は板で油紙がひかれ、薄いかけ布団だけでその上で寝ることができた。朝鮮人の食との関連では、温飯や粥食の文化はオンドルの機能が存在したからである。農家は両班（地主など）の家は瓦屋根であり家も大きく、専門的な職人がいたが、多くが農民は助けあいで家が建てられた。日本に来て生活を始めた朝鮮人もオンドルの家を建てた場合もある。

　しかし、植民地下に農村から離村せざるを得なくなった人々が都市に来て居住地区を形成するようになると、朝鮮の主な都市にはオンドルのない地域が形成された。伝統的なオンドル家屋でない家屋群が都市にできて、それは土幕民、不良住宅地区と呼ばれた。土幕家屋でどのように寒さを防いでいたかは明らかではない。最近まで、都市の朝鮮式旅館にもオンドルがあった。

　窓が大きくないのは朝鮮の寒さを防ぐ意味があったと思われる。戦時下になると都市部では朝鮮人家屋には薪が配給され、日本人家庭には炭・練炭が配給されていた。朝鮮人家庭では火をつけるときに使う松葉や枯れ木を集めるために、遠くに出かけなければならなかった。屋根は稲藁や麦藁が使われていたが、屋根の作り方は独特で雨漏りなどはしないが4、5年ですき替えており、屋根には縄が巻くように置かれて屋根藁が安定するように工夫されている。

　寒冷な朝鮮ではオンドルという、数百年継続した風土に適した住宅様式で生活していたのである。日本の支配のなかでも朝鮮人の住宅は変わることがなかった。特に人口の大半を占めた自作農以下の農民の住宅には、民族的な慣行が生かされていたのである。

　一方、朝鮮に住むようになった日本人住宅は、日本式を基本としていた。日本人が暮らしたのは大半が農村ではなく、都市に朝鮮人街区とは別に日本人街区をつくり、別々に暮らすのが基本であった。都市では、日本の都市にあるような日本人住宅と同様な構造であり、オンドルはなく火鉢、炬燵、障子、畳などで構成されていた。トイレは朝鮮人住宅では屋外におかれ、風呂は家の中にはなく、日常的には入らず体を拭くだけであった。トイレは、女性の場合は寒い冬には室内に置いてある壺を使い、小水はそこでし

た。日本人は風呂と便所が家の中にある場合が大半であった。朝鮮人の多くの家には水がめがあり、女性の水くみが大きな仕事になっていた。水道が普及するまでは日本人家庭でも水くみをした。水道の普及は1930年代から始まり、次第に普及したが有料であり、はじめは日本人家庭に広がった。朝鮮では水を媒体にした流行病が多く、これに対応するために水道が引かれる地域が多くなった。

　しかしながら、水道設備ができても普及したのは日本人家屋、会社、朝鮮人有力者の順で、都市下層社会や農民などは遅く、流行病は少なくならず、罹患率は低くはならなかった。農村には医師が少なく、病気になっても小作農が医者に行けるような代金を支払える余裕はなかった。江原道の日本人衛生技師によれば、死に至るまで漢方医を含めて医師に診てもらうことはできなかった人々が多くいた。他の道でも同様であったと思われるが、江原の事例では次のように指摘されている。江原道の1936年度の全死亡者、3万5071人のうち、医者・漢方医を含む医師の治療を全く受けていない人が7839人、全死亡者の5分の1になる。これは道の日本人当局者の証言である（拙著『植民地支配下の朝鮮農民——江原道の事例から』114頁。出典は『江原道衛生要覧』）。

　朝鮮人の衣食住以外でも多くの生活環境について検証しなければならない。衣食住以外にも植民地支配との関連で重視しなければならない特徴は、都市と農村の一部では日本人居住区と朝鮮人居住区は別れて存在し、都市では混住は少なかったことである。農村では日本人大地主経営の農場では日本人移民者の居住区と在住朝鮮人の農民居住区は別に作られていた。しかし、行政の最終単位の里内では混住もあったと思われる。

　なお、朝鮮全羅北道益山郡裡里で1935年に生まれ45年まで成長された日本人女性からお話を聞くことができた。さまざまなお話を聞くことができたが、日本人の集住などの様子をまとめておきたい。

　女性が住んでいたのは邑（町）であり、この邑は郡都で交通の中心地であった。郡内は1邑のみで、この下に17面（村）があり、郡全体が構成されていた。面の下の行政単位として里があった。女性は、この中心地の邑の中心の町の商店街で育った。父母ともに日本人で、父は文具店を経営していた。郡内の里へ文具を卸すような商店であった。商品は名古屋から仕入れ、郡内の各面の文具店に卸していた。文具店の隣にはパン屋、下駄

屋、おもちゃ屋、金物店などがあった。ここは皆日本人商店ばかりであった。朝鮮人は別のところにある市場に行った。食事はすべて日本食であり、2人（男女1人ずつ）いた朝鮮人雇員も同じものを食べた。キムチは食べた。他の家でトックを食べたのを覚えている。普段は朝鮮料理を食べなかった。家にはオンドルはなく火鉢があった。障子に畳、屏風があり、服は和服であり、日本式の家屋であった。この町には銭湯があった。

　このお話によれば、衣食住などは日本社会の延長で、朝鮮人世界とは別の日本人世界で生活をしていたのである。この女性は住宅・建物、衣服については写真をお持ちになり、それらから判断した部分もある。朝鮮市場に行かれたことなどは省略させていただいた。

　なお、こうした朝鮮在住の日本人植民者の回想は外にも存在し、こうした記録からも朝鮮人と植民者としての日本人の居住区、言葉、衣食住の民族的な相違、乖離の存在も明らかにできるであろう。朝鮮人社会と日本人植民者の間には抜きがたいほどの乖離の実態が存在したのである。

5　乖離社会の崩壊

　阿部総督はこうした乖離した朝鮮社会を認識しながらも、軍隊と国民総力朝鮮連盟（阿部が総裁をしていた）から下部組織の愛国班までの朝鮮人統制、総督府から里長までの行政組織を動員し、統制組織を維持していたが、朝鮮の民族的な生活慣行までを変えることができなかった。象徴としての一面一社の神社を立てさせたが、自発的に行く人はなかった。動員は労働動員を含めて強制であり、背景には警察力が存在していた。この間、朝鮮人はさまざまな協同組合や会社、企業、教育現場で力量を増していた。

　戦時下の朝鮮人社会では次々に動員されていく日本人警察官、会社員、教員、地方の道・郡・邑・面職員、会社員が多くなり、その後には朝鮮人職員が就任していた。こうした朝鮮人職員を支えていたのは総督府が普及を奨励していたラジオの短波放送の聴取であった。朝鮮人は短波放送が聴けるようにラジオを改造していたのである。

　短波放送の聴取は簡単な操作でできた。大半の朝鮮人はポツダム宣言、カイロ宣言などの動向を知っていたのである。中国内、アメリカなどから

の放送は朝鮮人に伝わっていた。日本当局は取り締まりを強化していたが、一方では朝鮮人を戦時動員するために、ラジオの普及自体には熱心であった。

　朝鮮人たちは警察力、各地の軍の配置を知り、抑圧機構が存続していることも知っていた。　こうした上で戦時下朝鮮人社会では乖離が拡大し、日本の敗戦が知らせられても悲しむことなく敗戦直後から独立を喜ぶ人々が主流となっていく。乖離していた対象たる帝国日本の崩壊を予想し得たからである。

(1)　なお、ここで使用する乖離という言葉は、朝鮮社会と日本社会の距離が存在するという意味である。距離が存在したことは、朝鮮社会の社会・文化・慣習などが保持されていたことの反映であると考えられる。

　　植民地支配側の日本社会は日本文化を朝鮮社会に普及させようとしていたが朝鮮社会は伝統と文化を保持し、基本的には日本文化は浸透せず、解放後に朝鮮文化が直ちに回復した。本稿では朝鮮文化と日本の支配文化のせめぎあいを乖離と表現した。

　　日本の神社参拝は、総督府が総力を挙げて朝鮮人に普及しようと強制動員したが、敗戦直後に大半が朝鮮人により破壊された。こうした事象を乖離の存在事例として使用している。この乖離事象については本節に紹介したが、乖離の根底には不信頼・抵抗が存在しており、大きな背景としては日常的な日本人との差別、支配が存在したことへの反抗があったと考えられる。

　　なお、広辞苑によれば「乖離」という用語は「背き離れること」「はなればなれになること」とされているためこの用語を使用した。一般的には「人心の乖離」などとも使われていた。

第2節　朝鮮人労働現場での乖離行動

1　戦時末の労働事情

　1944年8月に就任した阿部総督は、前総督小磯総督の路線を踏襲することを自身でも表明していたので、戦時体制はそのまま維持され、むしろ日本国内の体制強化に合わせていく政策を進めていた。しかし、戦争の遂行は植民地朝鮮の民衆に大きな犠牲と矛盾の拡大をもたらしていた。阿部が就任した直前には朝鮮人に対する第1回の徴兵が実施され、兵士として

配属されている時期であり、日本への労働動員は1944年度には33万人、朝鮮内の動員数は更に多くなった。加えて朝鮮民衆の生活を困難にしていたのは、1942年から3年継続していた凶作と、それにも関わらず強制的な生産米の全量的な供出が強化・実施されていたことである。このままでは餓死する農民に、食糧の代わりとして配給されていたのが、それまで肥料用として農家に配給されていた、満洲大豆から油を搾った後の大豆粕であったが、それも十分ではなかった。朝鮮人の大半を占めていた朝鮮農民は、総督府政治が始まって以来の食糧難の下に置かれていたのである。

　労働動員が強化されるなかで、朝鮮総督府が官報で公表していた「行旅死亡人」は、その多くが「餓死」「凍死」「栄養不良」で、路傍などで死亡しているのである。阿部信行総督下になっても、行路死亡人数は変化がなかった。都市における死亡者も餓死・凍死者が多かったと思われる。

　もちろん、こうした状況下にあっても、朝鮮民衆は1日2食にし、端境期には野山に木皮草根を採集するなどして生活を維持していることが、警察資料などに一覧として掲載されている。ここではこうした事例が何件あったかという数字より、具体的な当時の新聞記事などから、朝鮮人が巧みに生活を維持していたことを紹介する。そこにあった民衆の日本に対する冷静な対応、抵抗、生活維持の方法を紹介していきたい。そこから、彼らがいかに日本の戦争政策に距離をおき、日本の政策に冷淡であったか、すなわち朝鮮人が日本の戦争政策と乖離していたのかということを読み取りたいと思う。同時に当局は、供出代金を農民に渡さず郵便局への全額預金として「渡す」ということを実施したが、この金額を下ろさせないために実施された政策がどういう結果になったかなど、さまざまな政策を取り上げて戦時下の農民の抵抗を明らかにしていきたい。

　農民、労働者の戦時下の巧みな行動が朝鮮人の生命を守り、解放を迎える準備ともなった。圧倒的多数の朝鮮人が、8月15日には日本の敗戦を喜び、ただちに大極旗を掲げて行動したという、民族的な動きを理解できる要因が、戦時下の朝鮮人の行動の中に存在していたことを明らかにしたいのである。

　はじめに、阿部総督下で起きたさまざまな朝鮮民衆の不服従行動を、具体的に新聞資料から検証しておきたい。戦時下の朝鮮にある邑面の解放前の公文書は、戸籍・土地関係資料を除けば大半が保存されておらず、道・

郡文書も同様である。治安を管理していた警察資料はほとんど残されていないと思われる。日本による、敗戦時の２回にわたる公文書焼却命令による焼却が第１の理由である。こうした中で、阿部が就任した1944年８月以降の新聞により、テーマ毎にまとめて記事を紹介していきたい。

2　日本人医師の見た朝鮮内労働動員の状況

　当時、多くの朝鮮人民衆に対して、朝鮮内強制的徴用が課せられていた。これに対して民衆はさまざまな行動をとった。総督府当局にとっては、徴兵、日本への労働動員、軍工事動員などによる労働者不足が深刻であった。しかし、朝鮮人労働者に対する就労差別と賃金差別、食糧不足、物資の統制などの強化で、日常的な暮らしの困難さは増していた。朝鮮人にとり閉塞的な社会であり、国民学校を卒業しても日本人とは賃金差などがあった。また、戦時末になると、戦況が不利になるに従って、職場での労働が強化されていた。以下に紹介するのは「怪しい罹病率と供出割当　医師がつづる労務隘路」(朝日新聞南鮮版、1944年12月20日付) と題した記事である。日本人医師と想定されるこの医師は、工場などに委託された医師で、かなりの規模の工場で診察にあたっていたと思われる。医師に取材して書いたと思われる部分を使用する。

　医師は「自分は港湾荷役及び各工場の労務者を取扱っているが、これら労務者は応徴士に比較して罹病率が非常に高い。ところが診察した結果、７割までが治療不必要なものであった。患者の発生が多いと労務者は事業主をせめ、また医師自体を不親切なりとせめる。当局では事業場における医療施設不完全を指摘するといった有様だ。しかし、自分が診察した結果７割までが常態と変らぬ健常者であるにも係わらず診療を受けるというのはどういう訳か。彼らは仕事に倦怠を覚えると病気を理由とする。結局労務者の時局認識が欠けているのだ。また患者のうちには甚だしいものに至っては癩患、精神病者、不具者、病弱者などがいる。さらに驚くべきは労務動員に当たる郡面当事者が労務供出割当に頭数さえ満たせばよいという観念をもとにやっていることだ。自分は不具者ですからと訴えても "行くだけ行け" どうにかなる、といった無責任極まる労務供出をやっていることだ。これで労務供出に万全なりとすれば甚だ寒心に堪えない」として

いる。

　この医師が診察期間に何人を診療したか、記事からはわからない。彼は受診した労働者の7割が健康であり、それは①民衆の時局認識が欠けていること、②面（行政単位、町）当局が無責任極まる労務供出をしていることにより、③これでは労務問題は解決しない、と述べているのである。

　①の朝鮮人の「時局認識が欠けている」とする医師の認識について検証したい。記事は企業が働いている労働者が休むと委託を受けている医師に受診させ、この医師の経験に基づく動員労働者たちの動向を書いている。しかし、この日本人医師は当時の民衆状況を知らないのである。1941年でも日本語がわかる朝鮮人は15％にすぎないこと、受診した労働者は1930年頃の生まれであると考えると、当時の普通学校（この時期の朝鮮人は普通学校、日本人は小学校に通学していた。1941年に国民学校に統一された）入学者は10万1216人で総人口に対する比率は19.8％であり、女性は7.9％にすぎなかった。また、中途退学者が多く、原因は農民にとり授業料が負担になっていたのである。なお、入学学齢は6歳である。学童の就学率の数字は金富子『植民地期朝鮮の教育とジェンダー』（世織書房、2005年刊）付表1による。また、日本人との教育差別で日本人は実質義務教育であり、小学校に行っていたが、普通学校は朝鮮人のみが入学した。したがって1944年に就労していた人々は普通学校卒業者で、日本人教師もいたが、労働現場では朝鮮語の世界であった。新聞・ラジオの購読・視聴も少ない状況であった。「時局認識」ができる環境ではなかったのである。

　②では「面行政担当者が無責任である」としているが、労務動員は面の小作人階層に集中しており、自作・自小作農からの動員者で日本語ができるものは大工場などに動員され、炭坑・鉱山・土木には日本語を話せない人を条件の悪いところに動員していたと思われる。それでも郡から割り当てられる動員人数を揃えることはできずに高齢者、年少者を割り当てた事例は多い。日本への動員でも送り返さなければならない事例が存在する。炭坑・鉱山・土木の現場には邑・面内有力者や地主出身の動員者を見つけることは困難である。なお、例外があるものの在朝日本人が日本に強制動員されたことはない。内鮮一体と言いながら「平等」ではなかった。

　また、労働者としての地主層からの動員は確認できていない。朝鮮人地主層は日本の植民地支配構造の中で必要な階層であったためである。同時

に郡・邑面職員は知識層や地主階層の出身者が多く存在したためである。

これでは、「労務問題は解決しない」との医師の発言は、1944年の時点では日本帝国は労働力不足だけでなく、あらゆる物資が欠乏し、人的枯渇が進んでいたことを示している。すでに飛行機、船舶、などを木造とするための作業が行われ、軍では、兵隊の小銃を含めて兵器自体が不足していた。すでに帝国は崩壊しつつあったのである。日本人の大半は、帝国が崩壊過程にあったことに気づいていなかった。この医師はまだ、態勢を立て直すことができると考えていたことの証明でもある。

この医師の証言とは別に、体調が悪いと医者に訴えて休んだり、あるいは退職しようとした人々がいた。退職して、より高賃金の職場に移ろうとしたのである。この記事は1944年12月20日付の新聞であるが、総督府が奨励していたラジオの受信機の部品の一部を変えて、アメリカ、中国、ロシアからの短波放送を密かに聞いて、戦争の状況を知る朝鮮人が多くなり、敗戦が近いことを予知していたと思われる。

第3節　朝鮮人民衆の寄付と預金に対する対応

戦時下の朝鮮人に課せられていたのは、さまざまな戦時協力であった。ここでは寄付の強要と預金について述べておきたい。

1　寄付対応（1）　お金と衣服の返礼

無償の戦時協力がさまざまに要求されたが、供出された物資のなかには、感謝という名目で寄付を要求されたものがある。

朝鮮の冬は寒く、薪や炭を焚く必要があり、割り当てられた供出地からは困難な中で、薪などを都市に送り届けた。平壌府では「40万愛国班」に呼びかけて、薪を供出した平安北道と黄海道の農村にお金と衣服を送ったと報じられている。記事は続けて「（しかし）府内150町会中40余町会が古布一片の供出もしなかったという事実で甚だ遺憾とされている」と報じられている。都市はすでに「低温生活」をしていたが、もっと協力してもよいであろうと結んでいる。約3分の1が供出地への「お礼」というか

たちでの供出をしなかったのである。たび重なる寄付などで余裕がない中での出来事である。当時の状況からいえば、都市住民にも余裕がなかった。なお、「低温生活」というのは、当時寒さに耐え暖房用の薪炭の節約をするようにと指導されており、都市への暖房用の薪炭の配布が減少していたことである。寒さが深刻で、対応する行政が民衆に暖房を保障できなかったのである。本来、行政の責任を町内会が負うべきことではない（以上、朝日新聞北西鮮版、1945年3月23日付、鶏林譜欄記事から）。

　なお、朝鮮各地で工場や労働現場において、「特別」という増産期間を設けての「増産戦士」動員が実施されていた。この特別動員で働かされた職場には、「感謝」を示すために道民全体に感謝慰問品を送ることが各地で行われていた。咸鏡北道でも、動員が行われて増産戦士に感謝慰問品を送ることになり、城津府と茂山邑では常会を通じて慰問品が集められたが、他の常会地域では1点の慰問品も集まらなかったと知事が嘆いているという記事がある。ほかの地域常会では全く関心をもたれなかったのである。ここでも道庁が行うべきことを道民に押しつけられていた。慰問品を出せるほど都市住民は豊かでなかったが、道民は道が行うことにも関心をもっていなかったのである（朝日新聞中鮮版、1944年12月16日付、「戦う一駒」欄、古川咸鏡北道知事の談話から）。

2　寄付対応（2）黄銅の御仏出動

　朝鮮でも金属供出が広範に実視されたが、もっとも強力に実施されたのは家庭で使われていた真鍮製の食器（ユギ）であり、これが大量に家庭から持ち去られた。かわりに配給されたのは日本産の瀬戸物や木製食器であった。ユギは、朝鮮では何代にもわたり使われ、大切にされてきた文化財であった。朝鮮には文化財の1つに仏像があり、これも供出の対象になった。記事は短いので全文の紹介をしておきたい。

　「黄銅の御仏出動祝御佛出征」の長旗をはためかせ京仁街道をまっしぐら約200体の仏像がトラックにのって12日正午京城在勤海軍武官府へ走りこんだ。仁川府仲町町内会長渋谷百太郎さんが多年に亘って蒐集した黄銅の御仏達に1機でも1艦でもと叫ぶ前線へ折入って御出動を願っての金属類献納であった」。

この事実は、単なる黄銅の仏像金属寄付にとどまらない。取り返すことのできない損失を、韓国文化に与えたと考えられる。しかも200体もあり、大きな問題である。今となっては証明が難しいが「多年に亘って蒐集した」仏像は仏教が盛んであった李朝以前に制作された、貴重なものであったと推定される。文化財まで寄付をさせ、褒めたたえているのである。戦時下で起きたことの1つとして寄付を見ることも必要である。

第4節　供出代金まで全額貯蓄強制

朝鮮でも戦時インフレが進行していたが、総督府当局は一度支払いをした賃金のすべてを貯蓄させ、経済のインフレ崩壊を防ぐ方策が検討され実施されていた。なお、都市の賃金労働者に対する方策と農村に対する方策は違うものであった。

「供出代金は通帳で　新興所得者の目標額も引上げ」（大見出し）、「咸南の貯蓄増強新方策」（小見出し）というタイトルの記事がある。農村に対しては、農家の収入が供出代金であることに注目し、すべての供出代金を通帳制とすることについて次のように報道されている。

都市の労働者の賃金貯蓄に呼応して、農村でも「農、林産物の供出代金支払いにも通帳制を採用することになった。この範囲はさしあたり麦類、雑穀ならびに林産物などとし漸次水産物に対しも拡張する予定である」としている。すなわち、すべての供出代金を一旦貯金通帳に入れさせ、必要な金額を引き下ろさせるという方法である。また、買い物をする際には貯蓄証がなければ買えないという方法も「研究中」であると述べている。農民が貯金を下ろすのが郵便局であるかどうかは示されていないが、自由

図3　供出代通帳制　短期貯蓄のたてまえ

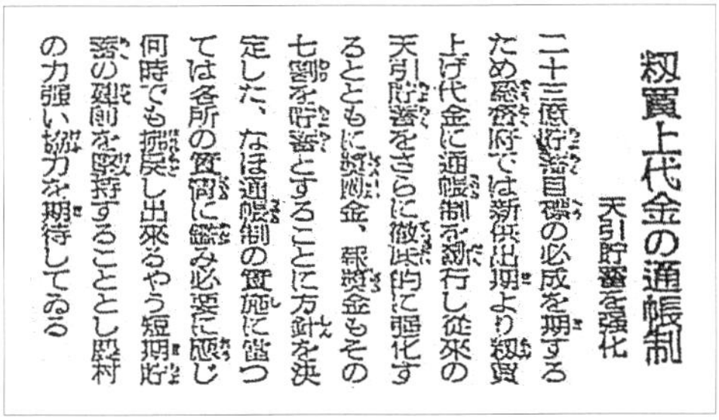

籾買上代金の通帳制
天引貯蓄を強化

二十三億貯蓄目標の必成を期するため總督府では新供出期より籾買上げ代金に通帳制を斷行し從來の天引貯蓄をさらに徹底的に強化するとともに報償金、報奨金もその七割を貯蓄とすることに方針を決定した、なほ通帳制の實施に當つては各所の實情に鑑み必要に應じ何時でも拂戻し出來るやう短期貯蓄の建前を堅持することとし農村の力強い協力を期待してゐる

1944年度供出代金は通帳制にすると総督府が決定したと報じる新聞記事（朝日新聞西部版、1944年10月12日付）

に下ろすことができず道の預金目標が達成できるように制限したことはたしかであろう。供出代金を自由に使えない体制が作られたのである。農民は強制的に米を供出させられ、米を食べることはできなかったが、その供出代金の預金も自由に下ろせず、雑穀すら自由に買えなかったのである。

　なお、日本に動員された強制動員労働者の賃金は、直接家に届けられるのではなく、面長などに届けられ、面長が家族に渡していたという炭坑文書があり、この間に貯蓄として差し引かれたと思われる。さらに道内の各郡貯蓄率が一覧とされ、競争させている。日本で働いていた強制動員労働者は日本の動員先で天引き預金をさせられた上に、送金先でも３割も預金させられていたのである。

　なお、都市労働者のなかに生まれた新興所得層預金については次章で述べることとする。

第2章　朝鮮解放前1年の日本人と朝鮮人の乖離

　朝鮮内の解放前1年は、解放後を象徴するような朝鮮人の姿を見ることができる。生活を守るための朝鮮人としての自己主張の行動が行われていることである。それは、日本の戦争勝利のための行動ではなく、生活維持・防衛行動であった。日本人がすでに望み得なかった戦争勝利の夢のなかで暮らしていたのとは大きな違いであった。

　これについて、具体的・象徴的な事実を当時の日本の新聞から取り上げて分野別に紹介してみたい。新聞は朝日新聞の朝鮮各版で「南鮮版」「中鮮版」「北部版」などに掲載されている記事である（もちろん、他社新聞社の記事もあるが全ての記事を網羅できていない）。

　この記事から、朝鮮人に強制されていた神社参拝、預金についての行動、供出、労働力不足から「高給」を得るようになった新興所得層の存在などについて解説を付けながら描いておきたい。なお、記事内容は長文になるため要約して紹介してある。

第1節　神社参拝

　1　もともと朝鮮には日本人の信じる神社はなかったが、韓国併合以降から朝鮮全土で神社が建設されていた。日本の敗戦まで各地で建設が進められ、朝鮮人にも参拝が強制されていた。戦争末期には釜山の龍頭山国幣小社の建設が始まり、釜山府では土地の造成と植木のための堆肥を国民学校の生徒に4000貫提供させたり、樹木を2300本も寄付するように府民に要求していた（「鶏林譜（コラム）」、朝日新聞中鮮版、1944年11月28日付）。

　2　「咸鏡南道では全部の邑・面（町・村）に神社と神祠を立てることになったが道内には対象が105ヶ所あったが今年度は75ヶ所立てることに

図１　「邑面には必ず１社を」

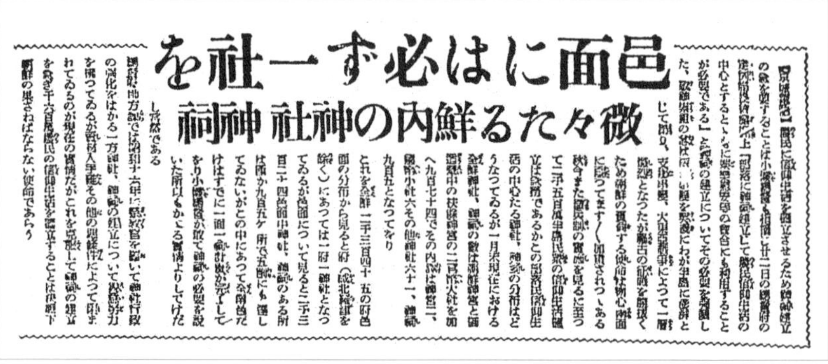

邑面には必ず一社を

微々たる鮮内の神社神祠

「微々たる鮮内の神社神祠」として、全邑面の５割にも達していないとして、朝鮮農民にさらに神社普及をさせるとの報道（釜山日報、1944年２月25日付）

なった。３月末には竣工する予定である」（「神社や神祠　全邑面に確立」、朝日新聞北西鮮版、1944年12月16日付）。

この建設には多くの地元の朝鮮人が動員され、資材調達が要求された。一部の道での神社工事への朝鮮人動員状況については、外務省文書の中に一部を見ることができる。

3　こうした神社建設と参拝奨励は、戦争末期になるに従い強化され、朝鮮人の徴兵と朝鮮人戦死者、特に特攻兵士として戦闘機で戦死した朝鮮人を「神」にするために利用しようとしたのである。朝鮮人を「天皇陛下の赤子」として位置づけ、すべての戦時動員の精神的な支柱とするために、この時期、物資不足のなかで神社建設が強行されたのである。

しかしながら、重要なことは肝心の朝鮮人自身が神社についてどのように見ていたかということであろう。

「神社、神祠の前を通るときは必ず礼拝しましょう」という記事は、同時に神社、神祠の前を通る時に「平気で拝礼をせず通る」ものか多いということを指摘しているのである。同時に「殊に咸興府内の如きは相当有識者のものも励行しない」ので、道当局が「拝礼敬神」の念を日常化することを呼びかけている。

すなわち、神社の前を通るときには必ず拝礼をしなければならなかったが、道都である咸興でさえ、それができていないということが言われているのである。当時日本国内では、神社の前を通るときには拝礼し、学校にあった奉安殿の前でも必ず拝礼しなければならなかったが、それとは全く違う風景が、朝鮮の神社の前で広がっていたのである。朝鮮人はそのつど拝礼することなど知らなかった。明らかに朝鮮人と日本人の感覚の差、乖離は大きかったのである（「鶏林譜（コラム）」、朝日新聞北西鮮版、1944年12月17日付）。

第2節　貯蓄の強要

　戦時下に全ての朝鮮人に課せられていたのが貯蓄である。農民の米などの供出代金は伝票で処理され、預金分は使うことができなかった。強制動員労働者の賃金は一定額以上は預金しなければならず、小遣い以上の現金は本人の手に渡らない仕組みになっていた。行政でも地域の預金目標とその目標達成が設定されていた。学校の生徒も勤務先でも預金が義務化されていた。こうした強制預金の状況についての具体的な研究は少ないと思われるが、農民と都市の労働者にとっては重要な生活問題であった。言葉を換えていえば、植民地支配収奪の最大の問題の一つであった。

　ここでは解放1年前の新聞に紹介された預金強要の現実と民衆の対応について、問題ごとに取り上げておきたい。

　1　朝鮮の郵便貯金額は毎年増加していたが、解放1年前の1944年8月付の記事では「頼もしい増加ぶり」としているように、2割近い増加であった。詳細も書かれているが、貯蓄する人も多くなっている。もちろん、朝鮮全体で農民と労働者の賃金水準が高くなったわけではない（「頼もしい増加ぶり」、朝日新聞中鮮版、1944年8月22日付）。

　2　国民総力朝鮮連盟釜山府連盟では「貯蓄の秘訣」として管下各組織の理事・班長などが貯蓄奨励の方法をさまざまに提案している。なかには年収調査をしたりする理事もいるが、他の一例のみを紹介したい。

連盟の清州町第三班長は班員（一般住民）の月給をそのまま貯金させ、必要ごとに払戻しをすることにしたが、結局冗費節約が徹底していくらかの預金ができるようになったと報告している。実質的には強制預金である。報告した人物は功績者として連盟から表彰されている。これは都市における貯蓄奨励方法である。

また、当局は朝鮮人に対し、貯蓄だけではなく国債、債券の購入割当も行っていた。これらは、さまざまな形で朝鮮人に現金を持たせず、国が現金を回収してインフレを防止するという目的もあった（「労務者所得の吸収に苦心――貯蓄の秘訣」、朝日新聞南鮮版、1944 年 12 月 5 日付）。

第 3 節　朝鮮人全ての所得に天引き預金化

1　米の供出については以前から供出代金の通帳制が実施され、そこから一定額が貯蓄に回されていた。しかし、この時期になると他の農林、水産物に対しても通牒制度が実施されると発表されている。咸鏡南道では「農、林産物の供出代金支払にも通帳制を採用することになった。この範囲はさしあたり麦類、並びに林産物などとし漸次水産物に対しても拡張する予定である」とされている。供出は厳しく督励されており、割り当てから逃れることはできなかったが、米だけではなく全ての農林水産物の収穫が対象になったのである。

農民にとって米はすべて強制供出をさせられていたが、麦･サツマイモ･トウモロコシなどは小作料も米に比較すると安く、それが戦時下農民の食を維持する柱になっていた。大半の農民の食は雑穀であった。これが通帳制のもとで一定の割合で預金させられることになれば、農民の食生活に大きな影響を与えることとなった。今のところ

図 2 「糧穀の代金は貯金通帳払い」

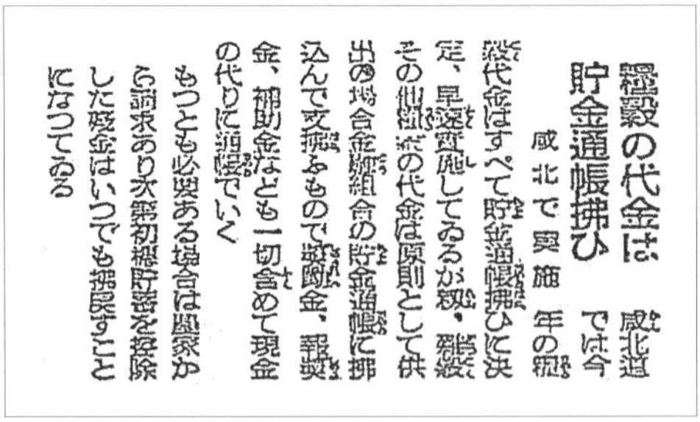

糧穀の代金は
貯金通帳拂ひ
咸北で実施
咸北道では今年の糧穀代金はすべて貯金通帳拂ひに決定、早速実施してゐるが穀・雑穀その他農産物の代金は原則として供出の場合金融組合の貯金通帳に振込んで支拂ふもので奨励金、報奨金、補助金なども一切含めて現金の代りに通帳でいく
もつとも必要ある場合は農家から請求あり次第初期貯蓄を控除した残金はいつでも拂戻すことになつてゐる

（朝日新聞北西鮮版、1944 年 11 月 10 日付）

これが実施されたかどうかの確認はできていないが、農民・林業・漁民の全ての人々に対して、預金という名称で収奪が強行されることになったのである。

　また、この記事では「考究中」とあるが、物を買うときには貯金をしているという「貯蓄証」がなければ買い物もできないという案が検討されていたという記事がある（「咸鏡南道の貯蓄増強新方策　供出代金は通帳で」、朝日新聞南鮮版、1944年10月28日付）。

　2　供出代金の天引き預金が実施され預金実績は上がっていたと考えられる。天引きされた預金からは一定額以上は引き出せなかったと考えられる。朝鮮全体の貯蓄額目標は高く設定され、それが達成されるであろうとする記事がある。供出代金が貯蓄に大きな役割を果たしていたと考えられる。

　短い記事であるので全文を記録しておきたい。

　「九月末現在の道別貯蓄実績　本年度上半期の各道貯蓄実績は総目標額19億5000余万円に対し8億8000余万円で45.3%という実績歩合を示し糧穀供出の天引貯蓄など農村貯蓄期を前にしているだけに目標額突破は確実とみられているが各道別の実績は次の通り（単位%）

京畿	忠北	忠南	全北	全南	慶北	慶南
39.1	49.9	38.8	30.0	52.9	43.1	49.3
黄海	平南	平北	江原	咸南	咸北	
36.0	40.6	41.1	58.1	42.6	53.7	」

（「九月末現在の道別貯蓄実績」、朝日新聞、1944年11月1日付）。

　全てではないが、この中に農民の供出代金があり、預金として残されていることは、全額引き下ろせなかったことをも示している。農民たちは自身の食を少なくし、子供たちの身長が低くなるような犠牲をしながら預金を下ろせなかった。そしてこの預金は日本の戦費として使われ、解放後も手元に戻ってくることはなかったのである。

第4節　新興所得層への預金の期待

　1　新たな貯蓄対象者として登場した新興所得層が大きく報じられるようになったのは1944年から45年になってからであった。この時期になると日本への強制動員、朝鮮北部の工業化に伴う労働需要、中国東北地区への朝鮮農民の移民、徴兵などで朝鮮内の労働力の不足は極めて深刻になった。とくに朝鮮内の輸送労働力、鉄道・港湾荷役等の労働力が不足し、各駅、釜山港などには滞貨が山積みになっていた。農民が供出した農産品が雨に濡れて芽を出しているという文書もあるほどであった。この時期になると鉄鋼船の大半は雷撃され、木造船の建設が課題とされていたのである。

　こうした労働力不足の中で労働賃金は高騰することになった。農村からは農家に就労していた年間雇用、季節雇用、臨時雇用の労働者がいたが、それらの人々が都市などで労働者として「高給」労働者として働くようになっていた。本来であれば総督府の賃金統制令によって取締の対象になっており高給で働く人々は処罰されるが、この時期には物資の流通が止まること、闇賃金が公然と認められるようになっていた。

　この高給で雇用されている人々の給料を貯蓄させるようにするという方式が盛んに宣伝されるようになったのである。慶尚南道では1945年度の貯蓄目標を3億1000万円としたが、この時の新聞の見出しは「3億1千万円　新興所得層の力に頼む」とされている。この新興所得層の賃金は月給制の労働者より高給になり、これに依拠するという方針が示されている。実質的には労働賃金のインフレが進行し、それを貯蓄という形で収束させるという方針であった。戦争体制の経済的崩壊を防ぐという方針を含んでいるのが新興所得層の貯蓄が象徴しているのである（「3億1千万円　新興所得層の力に頼む　慶南の新年度貯蓄目標決まる」、朝日新聞南鮮版、1944年3月17日付）。

　2　新興所得層の貯蓄は、当局の希望したようには進まなかった。新興所得層の人々が無関心であったからである。会社、工場等の労働者は天引きができるので預金は集まったものの、当局が期待したような成績は挙げられず、「新興所得層の労務者の実績は極めて不振で月収300円に対し、1

図3　「100円に酒1升特配　新興所得層の貯蓄奨励」

百圓に酒一升特配
新興所得者の貯蓄奨励
旺盛な貯蓄熱をあふる新施策として平南道では新興所得層たる労務者を対象として貯蓄百円に対し清酒一升を特配、十五日から実施することになつた、道では昨年十四日から二十八日までの間に道内の鉱山、工場、会社、事業場の貯蓄状況を査察したところ職員らの貯蓄は概ね可良であつたが新興所得層の労務者の貯蓄は極めて不振で月収三百円に対し、一円二、三十銭といふ数字が現れ指導層幹部の指導不徹底と労務者の貯蓄に対する認識不足が指摘された
道では種々対策を練つた結果、労務者を対象とする清酒の特配を計画、一回の貯金百円に対し清酒あるひは焼酎一升を特配することに決定した、これが証明として所得税二十円以下の者は工場あるひは町会長の証明書により府邑面等から切符を発行することになつてをり新興所得者の一大奮起が期待されてゐる

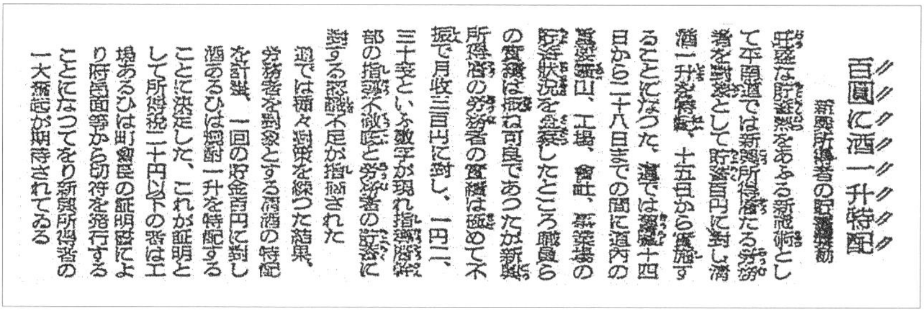

平安南道では新興所得層を対象に貯蓄100円をすれば、清酒1升を特配すると決定（朝日新聞北西鮮版、1945年1月17日付）

円2、30銭という数字が現れ指導層幹部の指導不徹底と労務者の貯蓄に対する認識不足が指摘された」と記事にされている。実質的には新興所得層はメリットがないと思ったのである。そこで平安南道当局は100円貯金した者には清酒1升か、焼酎1升を特配することとしたという。この結果については不明であるが、労働者側からすれば特配を受けるために100円貯蓄するより、闇で流通している酒を入手した方が自由に下ろせないお金より有効であると考えたと思われる。新興所得層の労働者にとって意味のない特配であり､貯蓄が生活に役立たないと見向きもされなかったのである。

なお、戦時下の生活物資は愛国班（日本の隣組と同様、愛国班という組織が朝鮮でも作られていた）を通じて配られていたが、特別に物資が配給されることを特配といった（「100円に酒1升特配　新興所得者の貯蓄奨励」、朝日新聞北西鮮版、1945年1月17日付）。

第5節　行政組織と朝鮮人民衆の乖離

解放1年前になると生活の維持は、闇で食の確保をすることが前提のようになっていた。表向きには闇があることにはなっていないが、必要な食品は公定価格では買えなかった。こうした体制を下部で黙認していたのは国民総力朝鮮連盟の下部組織・愛国班長たちであった。もちろん、上意下達を守る班長もいたが、大半の愛国班での上意下達は形式だけに終わっていた。

　国民総力釜山府連盟では「明朗敢闘を決戦必勝を鍵として港都府民に大号令を下す」ことを実施していたが、それを「末端機構の機構にまで浸透させ形の上だけの実行とせず、あくまで府民全般が共同実践を仕向けるべく町会機能の監査を実施、各愛国班の活発なる運動を促進する」という記事がある。しかし、この記事は続けて、あり得ないような愛国班長の行動を報じている。愛国班の「なかには連盟公報を受けながら末端機構まで徹底していない町会もあり、はなはだしいのに至っては決戦が要請する国民貯蓄が行われていない町会もあるといった実情で、これは町会長の不誠意によるもので府連盟ではかかる町会に対しては断固たる措置をとるとともに町会長を更迭、名実共に明朗敢闘の大釜山建設に乗り出すことになった」と述べている。連盟の公報は隣組の回覧板のような役割を持ち、貯蓄だけでなく配給、動員のことなどが書かれており、動員にとっては欠くことのできない役割を持っていた。にもかかわらず配布もしていない愛国班長の班長もいたのである（「不誠町会長を粛正　町会機能を監査」、朝日新聞南鮮版、1944年1月19日付）。

　こうした事情は極めて多く、「末端行政の改革」を総督府は都市、農村を問わず面長の錬成を実施したり、農村の区長人選まで関与していくようになる。

　2　総督府は当面の戦時動員体制を維持するために、行政と民衆の間の乖離状況について認識し、「改革」を進めなければならなかった。末端の面長（町村長）や農村の区長・末端の愛国班長・組長にいたるまでの体制改革を実施しなければならなくなっていたのである。
　慶尚南道では総督府支配が始まってから初めて、3日間にわたる「錬成会が邑面長を対象に行われ」たが参加者は全て朝鮮人邑面長であったとされている。開催されたのは1944年8月末であったという。錬成会の内容は「皇民魂の体得」が課題であった。
　同時に末端行政組織の農村の区長たちの人選を対象にした改革を進めることとなった。慶尚南道では「末端行政の強化を狙い慶南道総力連盟では都市の愛国班長、組長などの人選に積極的に乗り出し真に国家的な意識に徹し、よく働く熱意ある人に配置替えを進めているが、更に農村方面も部

落連盟理事長には中堅人物を配置する方針で人選の再検討をなし国家的な熱意ある人々をどしどし区長に選び部落理事長を兼務させ増産と供出を完遂させる」としている。それまでは土地の有力者、同族者の長、地主などが区長や理事長になっていたが、それを替えようとしたのである。農村は地主、自作農、小作農、農業労働者によって長く構成されてきており変更は難しかったが、そうしなければならないような農業の統制と生産力の向上、強制供出などが要求されたのである。朝鮮の解放1年前には、こうした日本の生産力増強、強制動員に力を発揮する人に半ば強制的に替えさせられた（「皇民魂を体得　慶南の邑面長錬成会の成果　農村も区長の人選を再検討」、朝日新聞南鮮版、1944年9月1日付）。

　蛇足になるが、日本の強制動員者として指名され、動員された朝鮮人面長・区長・朝鮮人警察官などは、解放直後に残された家族に追求され、面から逃亡した人もいた。

第6節　朝鮮人女性の労働者としての動員

　朝鮮人女性の労働動員は、農村女性の場合、託児所の設置や訓練が行われており、それまでの農業労働の幅は広まりつつあった。男子の農業労働者が強制動員などで不足しだしたのである。しかし、それらは農業労働に限られていた。工場、炭坑などで集団で働く労働者としての労働は少なかった。朝鮮の労働慣行ではなかった工場労働者として働くことが、女性にも要求されることになった。

　釜山港のある慶尚南道では「道内重要産業部門の労働力不足を解決するために婦人層の積極的な労務進出を促進することになり」準備をしていた。釜山府は女子勤労挺身隊を、他の府郡には勤労報国特別隊を組織し、訓練も行ってきていた。この時点で訓練が一応できていたのは釜山府女子勤労挺身隊で、3000人が本格的な動員に応じるために待機していた。道では受け入れ側との準備を進めていると報じられている。女性動員の準備が整っていたのである。

　「釜山府女子勤労挺身隊員3千は逐次訓練を経ていよいよ勤労女性とし

ての十分な素質を得るにいたったので総督府の動員令施行にさきがけいよいよ近く本格的に動員することに決定した」のである（「いよいよ出動――港都の女子挺身隊」、朝日新聞南鮮版、1944年11月25日付）。

　2　女性の鉱山労働者としての動員について、黄海道□□津鉱山では鉱山増産特攻隊が選炭作業を行っていることが写真入りで報じられているが、彼女たちは合宿所に泊まり、早朝の暗いうちから働きに出ている。

　咸鏡北道の各炭山では女子が就労し、9月はじめは300名程度であったのが、12月には1000名に達するようになっている。遊仙炭鉱などでは、はじめ事務員として働き始め、後には選炭などの坑外だけでなく積み込み、トロ押しなどの仕事に従事し、さき山、あと山もやるようになっている。女性たちの働く目的は子供の教育費、一家の生活のためとかで、「堅実」な姿で働いていると報じられている。坑内労働は経験が必要で、炭坑労働の中でも重労働であったし、危険でもあった。こうした場所への就労は以前は制限されていたがこの時期には黙認、公認され始めていたのである。

　この他に京城高女の女性たちが航空機の部品として必要な雲母を薄く剥がすような仕事に230名が参加しているとされている（「坑内に朗かな歌声、能率向上・炭山の女性部隊」、朝日新聞中鮮版、1944年12月22日付）。

(1)　この女子勤労挺身隊は10月から準備がはじめられ、14歳から30歳まで、各国民学校地域単位に組織、国民学校校長が隊長となり、既婚者も対象に含めることになっていた。

第7節　朝鮮人満洲開拓団と「大陸の花嫁」

　現在、中国東北地区には多くの朝鮮人が住み、生活している。この朝鮮人の多くは、日本の韓国併合後に朝鮮の農民たちが移住して生活していたものである。総数は200万人前後であったと思われる。敗戦前の在日朝鮮人数とほぼ同数である。新しい生活の場として「渡満」した人々と総督府から組織的に、半ば強制的に開拓団として送り込まれた人々もいた。日本・総督府は「満洲国」を維持するために日本からは日本人を、朝鮮から朝鮮人開拓団を送ったのである。この総督府の朝鮮人開拓団は1937年から始

まったが、毎年定数に満たず、1941年までの第1次開拓団送出では家族5人として約25万人が、1942年から1945年までの第2次開拓団では約2000戸、10万人が「満洲」各地に送り出された。これ以外にも朝鮮人満洲開拓青年義勇隊員が送られた。

この朝鮮の青年義勇隊員たちは独身者であり、総督府は日本国内で行われていた「大陸の花嫁」の斡旋と同様、朝鮮人を対象とした「大陸の花嫁」を斡旋したのである。

各道での斡旋より先に、朝鮮移住協会は全羅南道、慶尚北道から「花嫁候補31名を満洲に送り開拓地で結婚がまとまり」結婚するという結果になっていた。1944年末には「開拓地から花婿候補18名が帰鮮、全南の母村でこれまた良縁を得て去る12月1日、順天郡10組、3日寶城郡5組、10日光山郡3組が合同結婚式を済ました。これら18組の新郎新婦らは異境に築く楽土建設の熱意に燃えて16日に総督府をたずねる」と報道されている（「18組の拓士夫婦帰満」、朝日新聞北西鮮版、1944年12月17日付）。

この開拓団の人々の動員は「満洲国」の保持のために行われたが、ここで紹介するのは日本人がこうした事実を知らないからである。在日朝鮮人の存在は知っていても、満洲に動員された人々のこと、植民地支配の結果としての存在を知らないことを改めて考えたいと思っている。特にここで紹介した大陸の花嫁になった新婚家庭の人は、半年もたたないうちに日本の敗戦、解放を迎えたのである。朝鮮に帰れたのであろうか、今でも開拓地に住んでおられるのであろうか、知りたいと思う。日本の植民地支配のあり方を考えようと思う。今も日本国内では日本人の満洲開拓民のことについては紹介されることが多いが、朝鮮人のことについては話題になることもない。

第8節　戦時末期に採用された水稲畦立栽培法

朝鮮では1939年の大旱害に続いて1942年〜44年度（米穀年度）まで3年連続での凶作が継続していた。これに戦時下の肥料不足、日本への強制動員等の労働力不足、鉄製品の農具不足等の要因と天候不順などが重なった。42年度の凶作については総督府が災害誌を作成中であると書い

ているので、その後の不作状況もさまざまな文書から明らかになっている。

　1944年の作柄は公式には明らかでないが、東京に協議に行く前に朝鮮総督府白石農務局長は朝鮮の内地（日本）供出米寄与について「たとえ昨年と同量要求されても本年の作柄からいって到底むつかしいが出来る限りは寄与せねばならぬ。大体昨年の5、6割程度で落着きたいと考えている」「半島としても現在の1人当たりの還元基準を確保することは絶対である」と述べている。凶作でも厳しい日本からの要求があり、朝鮮内の強制的な供出となって農民に降りかかっていたのである。そこで朝鮮総督府が採用したのが水稲畦立栽培法の採用である。

　朝鮮の農地は2つの種類に分けることができる。1つは天水田であり、もう1つは水利安全田である。それぞれ50％を占める割合であったが、雨が降らなければ天水田での稲作は凶作になる。朝鮮農民は天水田には麦、トウモロコシ、ソバ、粟、ヒエ、野菜などを育て食用にしていた。しかし、総督府は朝鮮からの米収奪を目的にしていたので、天水田にも米を植えさせた。旱害になると天水田では米の収穫がなく凶作になったのである。総督府はこの天水田の米の栽培を止め、畦を高くして畦の間に作物を植えるという方法を沙里院農場長の高橋昇が開発し、それを一部天水田に採用した。これは阿部総督が天皇まで上奏し、裁可を受けて実施するようになったものである。

　この間の水稲畦立て栽培法の経過等については、拙著『日本の植民地支配と朝鮮農民』（同成社、2010年）を参照されたい。

　この記事でも水稲畦立栽培法について期待していることと、すでに実験田が実施されていることを総督府の白石農務局長も認めて、この政策転換を支持している（「鮮米内地寄与に努力　畦立栽培法を全面的実施　白石農商局長談」、朝日新聞南鮮版、1944年11月29日付。なお、この記事については天水田を常習旱魃田対策として報じる内容も書かれている(1)）。

(1) 天水田は農民、朝鮮人の食生活に大きな役割をはたしていた。畑は味噌の原料となる大豆、白菜、唐辛子、馬鈴薯など食生活にはなくてはならないものであった。総督府農政の下で天水田の稲作化が進行した。しかし、戦時下にこうした作物からの栄養がとれず朝鮮人の子どもたちの身長が低くなっていることが明らかにされている。凶作下に朝鮮全体の食の保障ができず、総督府が固執していた天水田の稲作化は失敗したのである。

第9節　日本語の強制

　日本・朝鮮総督府が朝鮮の戦時政策と統制強化、戦時動員を推進するうえで大きな隘路になったのは、日本語が多くの朝鮮人に通じなかったことである。国民総力朝鮮連盟で大きな政策会議を開くとき、あるいは日本に強制動員を送り出す際に郡庁で郡長が挨拶するとき、徴兵検査の説明のときなどには通訳を付けて、訓示や説明をしなければならなかったのが実情であった。特に徴兵でいえば徴兵年齢の人の多くは就学していない人の方が多く、日本語ができない人が多かった。

　日本は朝鮮人の農民等、働く人々の教育を全く考えていなかった。朝鮮人は義務制とはいえない「普通学校」に行っていた（日本人の子どもは小学校に行き、義務制であった）。また、就学は有償であった。1941年から普通学校は国民学校に統合された。徴兵実施、国民総力朝鮮連盟など戦時政策を進める必要性から、初めて日本当局は日本語の本格的な教育の必要を自覚したのである。朝鮮人と日本人の乖離は日本語・朝鮮語理解の不十分さが基本にあった。ここでは解放前1年の朝鮮人各層の国語・日本語の講習会を取り上げておきたい。

　1　この時点で総督府のある京城は京畿道にあり、比較的中心的な都市であった。しかし、日本語の普及は進んでいなかった。道内の国語普及率は3割2分程度であった。すでに始まっていた入営者、日本への動員労働者などに日本語がわからない人が多数いたのである。道では緊急国語講習会を開催した。対象者によって18歳の者を中心にした府邑面単位に青年国語講習会、家庭の主婦を対象にした国語講習会を開き、150時間以上勉強させるという方針を実施した。道民全てに短期間で日本語の理解をさせようとしたのである。これは道主体の講習会である。実際の徴兵でも日本語がわかる朝鮮人は兵士として入隊させ、できないものは勤務隊という、労働を主とする部隊に配属されている（「緊急国語講習会」、朝日新聞中鮮版、1944年11月28日付）。

　2　1944年と45年に徴兵検査が実施されたが、この対象者用に講習会

が行われた。国民総力朝鮮連盟が、国語全解運動として主催して実施された。「土地の実情に応じて1ヶ月乃至2ヶ月間の推進期間を設定、工場、鉱山、朝鮮各奉仕隊などにおける国語講習会や婦人会、宗教団体などによる国語奨励運動をも実施し晴れの徴兵制に応えて1人の国語未解壮丁もないようここに戦う銃後の力を盛り上げる」としている（「壮丁へ国語常用運動」、朝日新聞南鮮版、1944年12月19日付）。

3　咸鏡南道では、国語生活の徹底を図るために初等学校、中学校、一般から国語常用に関する標語作文を募集、国語を常用して外の模範となる「国語の家」を選んで2月11日の紀元節を卜して表彰することになった、と報じられている。実際に国語の家が指定されている（「鶏林譜　国語生活徹底をはかる」、朝日新聞北西鮮版、1944年12月17日付）。

こうして日本語の強制は行われたが、朝鮮人家庭には日本語ができない人もいるのが普通で、祖父母などの前で日本語で話をすることはできなかった。儒教的な世界では年齢が上の人に従わなければならなかった。したがって日本語世界では日本語を、朝鮮語世界では朝鮮語で暮らすのが一般的で、家や地域社会では朝鮮語で暮らしており、むしろ、日本語世界は朝鮮人にとって乖離した存在であったのは当たり前のことであった。

第3章　新興所得層の出現

第1節　阿部総督下のインフレ進行対策

　戦時下に朝鮮でもインフレが進行していた。戦時下のインフレは植民地経済体制を崩壊させる要因となる状況を示しているといえる。朝鮮では、賃金統制令下に関わらず高賃金を得る人々が生まれていた。この人々の賃金を預金させ、インフレ防止策を図ろうとしたのである。それを担ったのは朝鮮人高額所得者たちであった。

　この高額所得者は農村から離村しなければならなかった農民と、都市で暮らしていた労働者であった。この高額所得者は総督府の経済統制の網を潜り、賃金統制令規定の2倍から3倍の賃金を得ていたのである。この高額所得者は戦争の進行に伴い増加していた。こうしたことは植民地支配の末期的な状況であると考えられる。1944年末には朝鮮銀行発券高は30億円を超えるようになっていた。これについては研究論文・研究は少ないと思われる。

第2節　新興所得者とは

　阿部が総督に就任したのは1944年7月24日であったが、すでに土建業者が公定賃金を無視して、「いろいろ」な名目で賃金を支払っていたことについて、以下のような規制を試みている。

　咸鏡南道当局は道内土建業者に対して、次のような施策を取ろうとしていたとする記事がある。

　「最近咸南道内の土建関係業者は労務者の雇入れにあたり種々な口実を設けて公定賃金を無視して所定の最高賃金にいろいろな名目の下に加算し

た額を支給して公定賃金を乱しているので道当局では土建工事場にありては危険作業、特殊作業に従事する場合には道知事の許可を得、また重要事業場において特殊な事情により特殊労務者に対し公定賃金以上の金額を支給する場合も許可を受けた上公定賃金の３割以内を加算して支給しその他はいかなる場合に在りても公定賃金を厳守するよう注意を促している」（「賃金の割増には特別許可が要る」、朝日新聞北西鮮版、1944 年 8 月 24 日付）。

　戦時期末のこの時期には戦時体制を急速に整備することが求められ、飛行場、軍用施設など土木工事が急ぎ実施されていた。軍の土木工事は優先されていたため遅れることは許されず、賃金の割増は普通に行われていた。賃金の割増が許されないと、酒や日用品などが渡されていた。労働者たちの実質賃金は拡大していった。これが高額所得者の背景であり、朝鮮全体に広がりを見せていた。これに対し当局はインフレ対策として貯蓄を奨励していたが、高賃金を得ていた労働者たちは預金をしようとしなかった。そこで当局は高額所得者の預金に景品を出したのである。前章でも紹介したが、「100 円に酒 1 升特配　新興所得者の貯蓄奨励」とする以下のような記事がある。

　「旺盛な貯蓄熱をあおる新戦術として平南道では新興所得層たる労務者を対象として貯蓄 100 円に対し清酒 1 升を特配 15 日から実施することになった。道では急遽 14 日から 28 日までの間に道内の重要鉱山、工場、会社、事業場の貯蓄状況を査察したところ職員らの実績は概ね可良であったが新興所得層の労務者の実績は極めて不振で月収 300 円に対し、1 円 2、30 銭という数字が現れ指導層幹部の指導不徹底と労務者の貯蓄に対する認識不足が指摘された。道では種々対策を練った結果、労務者を対象とする清酒の特配を計画、1 回貯蓄 100 円に対し酒或いは焼酎 1 升を特配することに決定した。これが証明として所得税 20 円以下のものは工場或いは町会長の証明書により府邑面等から発行することになっており新興所得者の一大奮起が期待されている」。

　インフレ防止のための貯蓄は強制的に実施されたが、総督府の府道などの行政機関への割当も厳しかった。1944 年末の京城府内の貯蓄状況につ

いて、行政当局は「貯蓄査察」を実施、結果を報告している。

　この報告を新聞では「俸給生活者は満点—高額・新興所得両者が不協力」としている。俸給生活者は天引きが強化され、転職する人もあると報告されている。職場と地域から強制されていたのである。しかし、新興所得層は貯蓄組合に入るものが少なく課題である、高額所得者は様々な理由で貯蓄しないでいるが「自覚反省」を求めるとしている。全道で貯蓄強化をおこなっている（朝日新聞西北鮮版、1944年12月30日付）。

　朝日新聞南鮮版は「ご褒美付きで貯蓄推進　新興所得層を対象に」という見出しで次のように報じている。

「チゲ君や露店の修繕業者、それに平素金融機関と縁がないいわゆる新興所得層の最近の景気は素晴しいもので著しく浮動購買力に拍車をかけている。慶南道ではかねて之を対象とする貯蓄の強化につき対策を練っていたので全鮮にさきがけて今年末各府郡、邑面、警察署、税務署などと縦横の連絡をとって強力な貯蓄推進に繰り出す。労務報公会、業種組合で国民貯蓄組合を結成するほか愛国班もこれに積局的に協力月平均推定額150円以下は2割以上、150円以上は5割以上を目標額をそれぞれ定め、成績優秀なものには酒類はじめ統制物資の優先配布などの御褒美を出し、自由労働者に氾濫する札ビラを吸収する」。

　当局は高賃金には目をつぶり、自身が不法を犯しても預金をさせ、インフレを防止しようとしていたのである。これは高額所得者層だけではなく1945年4月から料亭・飲食店で飲食した場合、1人1回1円が課税され、個別税として零細所得者は年100円程度でも1円50銭、府邑面は2円50銭、合計4円の戸別税を支払うことになっていた。1945年からの新年度には新興所得層にも課税が強化されると報じられている（朝日新聞南鮮版、1945年3月10日付）。

　1945年度の慶尚南道の貯蓄目標が3億1000万と設定され、これを実現するためには「新興所得層の力に頼む」と2段抜きで報じられているほどになっている（朝日新聞南鮮版、1945年3月17日付）。

　当局はあらゆる方法でインフレ防止の策を講じて、農家が供出した米の供出代金天引き預金を実施した。

（1）チゲは労働者が荷物を背中に請ふための背負子をいい、君は労働者で、チゲ君といった。背負子の形は日本とは違う。チゲ君まで新興所得層に含まれるのはインフレの進行が進んでいたことを示す。

第3節　強制動員労働者送金者からの送金天引き強制預金

強制動員労働者は日本国内の労働現場で献金、預金が行われていたが、朝鮮の出身地では動員者の家族には郵便局や邑面長を通じて渡されていたといわれている。しかし、朝鮮の出身地での実態がどのようなものであったかについては明らかでない。時期により相違すると思われる。阿部総督

図1　送金の3割を天引きしていた

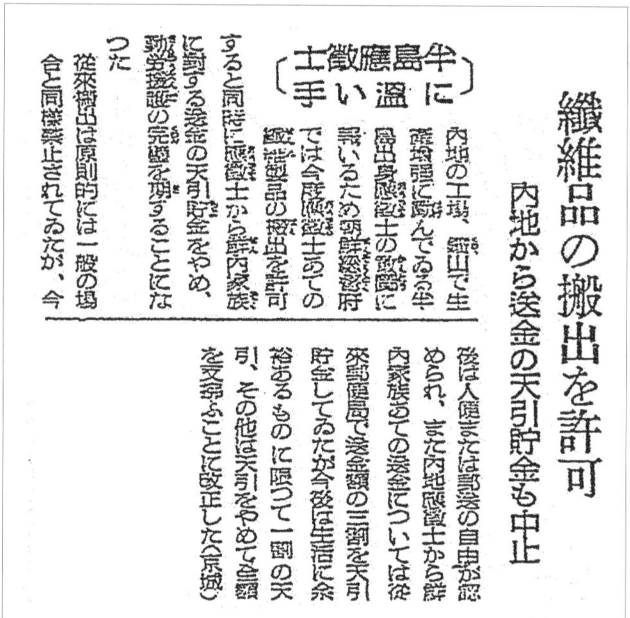

繊維品の搬出を許可
内地から送金の天引貯金も中止

半島應徴士に温い手

内地の工場、鑛山で生産増強に勵んでゐる半島出身應徴士の敢闘に報いるため朝鮮総督府では今度應徴士あての繊維製品の搬出を許可すると同時に應徴士から鮮内家族に對する送金の天引貯金をやめ、勤労援護の完璧を期することになつた

従來搬出は原則的には一般の場合と同様禁止されてゐたが、今後は人選または郵送の自由が認められ、また内地應徴士から鮮内家族あての送金については從來郵便局で送金額の三割を天引貯金してゐたが今後は生活に余裕あるものに限つて一割の天引、その他は天引をやめて全額を支拂ふことに改正した（京城）

朝鮮人労働者からの送金は天引き預金されていたが、強制動員者給与の家族支給の時点でも天引き預金をされていた。二重の天引きがされていたのである。なお、郵便局で天引きされていたとされるが、面長（村長）を通じて天引きされていたとする資料もある（朝日新聞北西鮮版、1945年5月14日付）

下では、報道によれば以下のようであったとされている。

「内地応徴士から鮮内家族あての送金については従来郵便局で送金額の3割を天引預金していたが今後は生活に余裕あるものに限って1割の天引き、その他は天引きをやめて全額を支払うことに改正した（京城）」（「繊維品の搬出を許可　内地から送金の天引預金も中止　半島応徴士に温かい手」朝日新聞、1945年5月14日付。この時期には朝鮮内地域版である南鮮・西鮮版等は確認できない）。

　この時期、手紙を含めて届いていたかについては不明である。連絡船も杜絶状態であった。

　少なくとも、この記事が掲載された1945年5月14日までは、送金した金額の3割も天引きされていたことになる。これは郵便局でなされたとされている。そもそも日本の動員先でも、様々な名目で献金、預金は強制的に行われており、実質的に動員者家族の手にできた賃金はより少なくなっていたと考えられるが、この時点までには、さらに送金の3割も、出身地の郵便局で預金をさせられていたのである。なお天引きが、企業・送金先でどの程度実施されていたかなどについては、さらに実証する必要がある。

　なお、記事ではそれまでは禁止されていた「繊維品」を家族が動員者に送ることが自由になったとされているが、労働着は衣服を支給されたが不足して、家族に依頼していたものと思われる。しかしこの時期には、交通事情から届くことはなかった。

第4節　農民からの天引き預金

　朝鮮人の8割を占めていた農民預金・貯蓄はインフレ防止の有力な手段であった。それも有無を言わせない天引き預金であった。この時期になると米・麦などの大半は供出され、これを天引き預金として預金させることが決定、実施されていた。給与生活者からの天引きと同様な効果があった。各道では収穫期の10月には実施される方針が決められていた（「9月末現在の道別貯蓄率」記事の一覧解説から。朝日新聞南鮮版、1944年11月1日付）。

　咸鏡南道では農民に対しても「農、林産物の供出代金支払いにも通帳制を採用することになった。この範囲はさしあたり麦類、雑穀、林産物などとし漸次水産物に対しても拡張する予定である」としている（「供出代金は通帳で　新興所得者の目標額も引上げ　咸南の貯蓄増強新方針」、朝日新聞南鮮版、1944年10月28日付）。

　しかし、農民が買い物をしてしまうと貯蓄目標が下がり、預金が減少するため、咸鏡北道では「買う時は貯蓄証がなければ買い物が出来ぬ方法を考究中」とされている。これがどの程度実視されたかは確認できないが、当局の供出代金の回収が広範囲に実視されていたことは確実である。インフレの進行は止まらず、さらに貯蓄は強化されたと考えられる。

　こうした貯蓄圧力は労働者、農民、会社員の生活を直撃していた。1944年の米収穫は凶作であり、農家収入が減少し、水利不安全田の一部に代替作物を植えさせるという農政転換をせざるを得なくなり、農民は深刻な食糧危機を中心とした事態を迎えていた。

第４章　戦時下朝鮮農民の離村

第１節　朝鮮農民の離村

　朝鮮社会は戦時下に大きく変貌していたと考えられる。この変化の一つは日本の戦時体制、国家総動員体制に朝鮮人を組み込む過程から始まった。朝鮮民衆は国民総力朝鮮連盟下の愛国班に組織され、農民は米の収奪によって、食料の確保すらできない暮らしの下に置かれることになった。朝鮮農民の大半をしめた小作農民は総督府動員政策と地主の収奪下の政策のなかで生活が成り立たず、離村せざるを得ない状況に追い込まれていた。

　離村は総督府支配のなかで拡大し、離村者の一部は放浪過程で餓死、女性は人身売買の対象になった。一部は満洲や日本国内にたどり着き、離村は様々に朝鮮人を苦しめる要因になっていた。離村した人々は行路死亡者、行路病人として身元が特定できない人だけでも毎年 5000 人前後、1939 年旱害の時には 8000 余人が死亡したことが官報に掲載されている。戦時下の経済統制下で一層下層農民の離村が拡大していたのである。

　阿部総督の前代の小磯総督時代の離村についての資料から、邑・面（村）を離れた農民についての実情について述べておきたい。阿部総督時代の資料を用いるのは、阿部総督時代の東拓や地主の所有地からの離村資料が発見できていないためである。

　この資料にある 1942 年の状況が阿部総督時代まで継続し、むしろ、離村は増加する傾向にあった。阿部時代には離村して都市で働く人々が増大し、それらの人々が阿部時代を象徴する「新興所得層」と呼ばれる朝鮮内都市労働者層であったと思われる。前章を参照されたい。

　なお、ここで使う朝鮮人の「離村」とは、農民の貧窮からの脱出という側面と同時に新たな世界を開拓し、自主的な新生活を試みる行動であったと思われる。日本の近世農村社会に見られた逃散と同様な、圧政に対する抗議という側面を含んでいた存在として位置付けている。

戦時下朝鮮農民の離村についての日本国内の研究は少ない。特に離村要因を含めて、離村実数を含めた研究は少ないと思われる。ここでは朝鮮最大の国策株式会社である東洋拓殖株式会社の経営資料を使用する。

東洋拓殖株式会社（以下「東拓」とする）はこの時期になると55万町歩を所有する朝鮮最大の地主であり、朝鮮各地に支場を持っていた。東拓は各道行政組織の範囲を超えて農場を経営し、管理人を置いていた。各支場からの報告書が提出されている中に、1942年3月14日付の京城支店長相良自助が農業課長庄田愼次郎に提出した「離作農家調査に関する件」についての報告書がある。これは1943年度直前の調査報告であるともいえる。以下に報告書の概要を紹介し、この時期の朝鮮農民の離村の実情を検証しておきたい。

第２節　東拓京城支店の離農小作人全般状況

調査が行われた1942年3月はアジア太平洋戦争が開始され、朝鮮でも戦勝報告が宣伝されていた時期である。一方、朝鮮内で強制的な貯蓄、愛国班活動への参加が実施されていた。また、米の生産は1941年までは平年作であった。朝鮮では42年から44年までは干害による凶作であった。

調査報告書では1942年時点での農村状況を次のように報告している。

「農業各般に亘り従来に比し著しく変革を来し、小作条件の変更は農地価格の統制、作付の統制、米穀其他販売価格の統制、強制貯蓄、労働賃金等の統制、農業生産資材の入手不円滑或は災害による生産物の減少、及農家換金は自然抑制せらるる為、農業収入は他業に比し□□められ、食糧生産確保を緊要とする今日甚だ憂慮に不堪儀候間本年2月末日現在において当店管内の離農状況を調査したるに大様別紙の通りにして、今後引続き其の趨向に注意・善処すべく之が対策考究の要有候に付ては右御参考迄にご報告申上候也」。

農家が当面する問題を正確に取り上げており、治安関係者が作成した農民関係文書とは違い、農民が困難を感じている事項を取り上げていること

が注目される。もちろん、東拓としての農民収奪・米の収奪の障害になると考えたから、農業統制、強制貯蓄、賃金統制などを正直に問題として取り上げているのである。この報告は農民収奪のために作成されているが、経営的には総督府統制との矛盾を東拓ですら感じていた事例でもあったことの反映であった。統制が強化されることが東拓農場経営にマイナスをもたらすことを見越していた側面があったのである。

第3節　東拓京城支店管内農場の農民離村状況

以下に農場離村状況の報告内容が一覧にされているので、取り上げておこう。

表1　東拓社有地小作人離農状況

農場名	面数	総小作人数	離農小作人数	小作人数内訳			対策
				転職	移住	出稼	
開城	6	369	7	2	4	1	―
一山	3	461	9	6	3	―	多角経営
水色	3	654	―				―
清涼里	3	995					―
長安坪	2	1096	3	1	2	―	時局認識
松披	5	1263	39	29	9	1	農家収入増
水原	7	1196	39	34	3	―	―
鳥山	3	422	13	3	6	4	―
青北	1	429	13	―	4	19	救済土木工事
平沢	6	992	19	―	14	5	負債償還
鉄原	1	72	4	―	4	―	合理的営農
計	42	8149	138	77	51	30	

＊数字が合わない部分がある。
＊面は行政単位の日本の町にほぼ相当する単位。特定地域の数面にまたがる農地経営をしていた。
＊資料では人数とされているが戸数である。
＊小作人の経営面積などにはこの調査では触れられていない。

この東拓京城支店の範囲は広く、42面に広がっていた。総小作戸数

8149 戸のうち、138 戸の離村農家が存在していることは離村が広がりをもっていたことを示しいる。離村は 1939 年の大干害の時には広範囲で起きたが、平年作の場合は離村数は少なくなっていた。この調査の前年の 1941 年の米の作柄は平年作であり、離村は少なくならなければならなかった。しかし実際は増加していたことが明らかになったのである。調査の説明でも戦時統制などが影響していることが理由である。

　ところが、離村は東拓京城支店のみならず農場が所属する郡全体に広がり、各道にも広がりを見せていた。この調査を行った京城支店長相良は東拓が所有する土地の郡に依頼し、東拓以外の土地での農民離村状況の確認作業を行っているのである。

第4節　郡一般農民離村状況

　郡は道の下位の行政単位で、いくつかの邑・面・里を組織していた。郡要覧や統計資料などを刊行している。東拓と郡役所は関係があり、調査をしやすかったのであろう。郡の側でも諸統計や税務、東拓農家把握などを対象にしなければならず、両者は協力関係にあった。調査内容は郡が行う統計から作成したと思われる。

表2　東拓社有土地所在の郡一般離農状況

農場名	郡名	農家戸数	離農戸数	内訳		
				転職	移住	出稼
開城	開豊	13,161	127	62	37	28
一山	高陽	10,422	122	76	26	20
松披	広州	14,119	800	500	200	100
水原・鳥山	水原	24,083	284	130	29	125
青北面	青北郡	1,460	105	―	25	80
平沢・安城	平沢郡	12,471	370	5	345	20
	安城郡	12,746	280	8	230	42
鉄原	鉄原	13,049	630	130	500	
計		101,513	2,728	931	1,392	415

＊原資料の配列は社有地離農者に従い配列を社有地順に従った。

＊計に対するパーセントがあるが省略した。

＊数字・資料の年代は 1942 年と思われる。調査年代・期間は記録されていないが、改めて調査したと思われるからである。

　東拓社有地だけでなく郡からも東拓以外の農地から 3000 戸近くの農家で農家以外に転職、移住、出稼ぎをしている実態が明らかになっている。これが毎年繰り返されているのであり、農村社会のそれまでにない変動として認識されていたのである。

　これまでは農村からの移動は、地主から契約を解除され、流浪する場合も存在したが、他の地域や地主に雇用されることもあり、本資料で見られるような転職、都市への移動、労働者としての出稼ぎとは相違していたと考えられる。戦時下にはそれまでとは違う移動、すなわち、農民としての満洲への移動、同時に総督府による農民としての満洲動員移民、日本への強制動員と労働者としての移動・出稼ぎが背景として存在したことが背景になっていたのである。朝鮮北部への労働者移動という側面がある。さらにこの時代の少し後になるが、徴兵・朝鮮内軍事施設建設への動員などが影響を受けることになる。

　太平洋戦争開始直後のこの時期の離村理由を東拓はどのように調査したのであろうか。

表3　東拓調査の離村理由・原因調査

農場名	理由
一山	①耕作面積甚小なるもの　②強制貯蓄　③労賃の抑制
長安坪	①販売統制により一時的に農家抑圧感
松披	①金鉱、瓦焼、煉瓦工場人夫へ転業するを有利とするに依る
水原	①作付の規制、米穀販売統制　②強制貯蓄
青北	①負債の増加
平沢	①負債の増加　②諸統制の強化による農家の抑圧感　③生産手段入手難　産物の減収
鉄原	①米穀販売統制並強制貯蓄　②生産手段入手難　③労賃の統制

＊調査回答があった農場のみが掲載されたと思われる。

＊農場名がないのは回答がなかった場合であると思われる。

　この離村原因調査は日本人管理者が記録、見聞していた内容の報告であり、朝鮮人小作人たちの離村原因として、総督府による様々な統制が大きな比重を占めていることを示している。

　この統制政策はこの時点から敗戦まで継続し、強化されていくことになる。ここでは米の販売統制と表現されているが、米は自家消費米を除いてすべてを供出しなければならなくなり、さらに、供出代金はすべて預金され、「必要」な場合にのみ引き出すことができるとされたのである。貯金などの慣習のなかった農民は困惑した。この自家消費米も1人あたりの消費量が規制されていたりしていた。戦時期末には生産した全量を供出され、代わりに配給されたのは「愛国粉」という満洲大豆の油を搾った後の搾り粕であった。離村が増加する大きな要因であった。

　生産手段の入手難という離村理由は農具が不足していたのである。小作農民は農具を持たない人もおり、離農してほかの地主の小作になる場合は地主から借りて農具を手に入れていた。戦時下の鉄不足が深刻になり、朝鮮でも寺の鐘、真鍮の食器などが供出させられていたので、農具までが不足していたのである。

　労働賃金は労働力不足が次第に深刻になり、それまでの自作農家で働いていた人が賃金の良いところを求めて移動した。年で雇用される年雇（モスム）、季節雇用（セモスム）、雇只（コジ・土地耕作を請負）、日雇（ナルプン）などと呼ばれており、農村全体では1割前後がこうした働き方をしていた。労働力不足が深刻になると賃金が高騰したが、規定賃金以外に麦などの現物支給、酒・たばこの提供、闇賃金などを支給していた。

　実質的に高賃金で働いていた人もいた。1944年～45年には規定の何倍かで労働者として雇用されるようになり、都市を中心に「新興所得層」が生まれていた。この離村した人々は新興所得層と呼ばれて総督府は貯蓄を呼びかける宣伝を盛んにしているのである。離村は農村内部の農業生産の減少をもたらすなどという側面をもっていたが、農村社会も激変していた。離村した朝鮮内農民を含めて、農村に残された農民は日本の戦争政策のなかで、極めて深刻な生活過程を送っていた。満洲・日本国内・中国などへ離村した朝鮮人農民たちは、朝鮮内に残っていた農民と同様に困難な生活を送り、1945年8月までは日本の統制・抑圧下にあったのである。

　この朝鮮の離村状況は、日本が推進した満洲移民、日本への強制動員な

どとの関連のなかで位置づけ、戦時末の朝鮮人農民・労働者移動のなかに置くべきであろう。

（注）本稿資料は、東洋拓殖株式会社資料「土地管理及び殖産関係」1942年度其の2　番号東拓1870　国立公文書館筑波分館蔵。使用する文書は、京事第194号昭和17年3月14日京城支店長相良自助から農務課長庄田愼次郎宛「離作農家調査に関する件」報告文書から離村農家の概要を紹介している。こうした離村農家についての報告者は膨大な東拓文書のなかで発見することは、まだ十分にはできていない。

阿部信行朝鮮総督下の朝鮮　関係年表

年月	事項	出典
1875 年 11 月 24 日	阿部信行　石川県金沢市で出生	
1898 年	阿部信行　陸軍士官学校卒業、後、陸軍大将	
1939 年 8 月	阿部信行　内閣総理大臣兼外務大臣	
1940 年 4 月	阿部駐中華民国特命全権大使	
1944 年 2 月 25 日	小磯国昭総督　朝鮮内すべての面邑に必ず神社一社を造営することを示唆	「微微たる鮮内の神社神祠」、釜山日報
1944 年 2 月	朝鮮農業生産責任制実施要項を発表　政策並法規関係雑件　農産物作柄状況・朝鮮関係文書　軍事・戦時農産物の増産に対応するために作成	
1944 年 3 月 1 日	小磯総督　朝鮮救護令公布	朝鮮総督府官報　同施行規則府令 70 号
1944 年 4 月～	この月から朝鮮人徴兵検査が朝鮮各地で開始される。	朝鮮人徴兵は拙著『戦時下朝鮮の民衆と徴兵』の朝鮮人徴兵関係年表を参照されたい。
1944 年 7 月 22 日	小磯国昭内閣成立	
1944 年 7 月 24 日	阿部信行　皇居で信任状をうける。阿部信行と遠藤柳作、朝鮮総督と政務総監に就任	朝鮮年鑑 1945 年版ほか
1944 年 7 月 25 日	朝鮮総督として阿部は陸軍大将で第 9 代総督となる。遠藤は阿部内閣時代の書記官長	
1944 年 8 月 8 日	阿部総督京城飛行場に到着　諭告と庁員に対する訓示を発表	朝日新聞南鮮版、1944 年 8 月 9 日付

1944 年 8 月	朝鮮女性の「婦人戦時服着用励行運動」が朝鮮各地で実施される。京城では「モンペ着用は絶体励行」「府は原則としてモンペ着用者以外は出入りを遠慮させる」と発表	毎日新聞南鮮版、1944 年 8 月 12 日付
1944 年 9 月 1 日	阿部総督「一視同仁の聖詔を奉戴し人和と勤労により戦勝一路へ」阿部は国民総力朝鮮連盟総裁を兼務。日本の大政翼賛会と同様な扱い。以降、同誌にいくつかの文章を発表。	『国民総力』6 — 17 号に掲載
1944 年 9 月 1 日	政務総監　各道知事に農業要員設置関する件を通達	政策並法規関係雑件農産物作柄状況　朝鮮関係
1944 年 9 月〜	8 月に徴兵検査が終わり、この月から徴兵・「召集」が始まる。	『戦時下朝鮮の民衆と徴兵』
1944 年 10 月	朝鮮総督府『朝鮮』353 号、8 月 28 日付に「臨時道知事会議に於ける総督訓示要旨」を掲載	『朝鮮』1944 年 10 月号所収
1944 年 11 月 10 日	咸鏡北道では糧穀（供出・米・雑穀）代金を預金通帳払い　奨励金なども金融組合預金通帳払い。農民は「初穂貯蓄」以外はいつでも払い戻しできると報道	朝日新聞、1944 年 11 月 1 日付
1944 年 11 月 15 日	慶尚南道は植付不能であった常習旱魃水田を 2 年で 2 万 8000 町歩を畑作転換とする予定を発表	朝日新聞南鮮版、1944 年 11 月 15 日付
1944 年 11 月 16 日	京城の水利不安全水田 8200 町歩を畑転換と発表	朝日新聞中鮮版、1944 年 11 月 16 日付
1944 年 11 月 30 日	朝鮮総督府農務局　昭和 19 年度米雑穀麦類作況を発表	政策並法規関係雑件農産物作柄状況　朝鮮関係
1944 年 12 月 4 日	陸軍大臣　昭和 20 年度徴兵検査規則省令	朝鮮総督府官報　1944 年 12 月 18 日付

1944 年 12 月 13 日	船舶不足で木材の輸送は筏によらなければならなくなり、初めて本土から釜山に二連筏が到着	朝日新聞西部南鮮版、1944 年 12 月 13 日付
1944 年 12 月 27 日	阿部信行　軍事会社徴用規則 4 条 13 項で従業者から「女子」を除外	朝鮮総督府官報、1944 年 12 月 27 日付
1945 年 1 月 26 日	慶尚南道では勤労動員強化のため「援護は十分に、忌避は厳罰」と報道	朝日新聞南鮮版、1945 年 1 月 26 日付
1945 年 2 月	第 2 回徴兵検査を 5 月まで実地、徴兵が行われる。 敗戦までの軍への徴兵者、陸軍特別志願兵、学徒兵、海軍特別志願兵、軍属総計 36 万 8630 人が動員され犠牲が出た。この他に徴兵検査に合格しなかった乙種対象者は勤務隊員として徴兵された	
1945 年 3 月 5 日	勅令で国民勤労動員令公布　ただし朝鮮・台湾・南洋は 4 月 1 日から施行　国民徴用令、労務調整令、などは廃止	朝鮮総督府官報、1945 年 3 月 31 日付
1945 年 4 月 1 日	阿部信行　国民勤労動員令施行規則布令 41 号を 4 月 1 日より施行	朝鮮総督府官報、1945 年 3 月 31 日付
1945 年 4 月 1 日	朝鮮台湾住民に帝国議会の議員の途を拓く詔書を発表	朝鮮総督府官報号外、1945 年 4 月 1 日付
1945 年 4 月 1 日	阿部総督　朝鮮在住民の政治処遇改善に関する公布につき告諭	朝鮮総督府官報号外、1945 年 4 月 1 日号外
1945 年 4 月 5 日	阿部総督　訓示要旨を発表　政治処遇改善に伴う政策につき公表官報 7 日付けで義勇隊編成等を含む諭告を発表	朝鮮総督府官報号外、1945 年 4 月 5 日付
1945 年 4 月 13 日	阿部総督　天皇へ上奏をする	外務省文書では日付けは明らかでないが『昭和天皇実録』9 巻では 45 年 4 月 13 日とされ

日付	事項	出典
		ているのでこれを採用した
1945 年 5 月	日本への強制動員労働者からの家族あて送金の 3 割を郵便局で天引預金をしていたが、これを中止と発表　全額を支給（日本の企業が支払時にも天引き預金されていた）	朝日新聞朝鮮版、1945 年 5 月 14 日付「半島応徴士に温い手」記事より
1945 年 6 月 10 日	この日に朝鮮国民義勇隊を結成すると発表、国民総力朝鮮連盟等の翼賛団体を解散と報道	朝日新聞、1945 年 5 月 24 日付
1945 年 6 月 14 日	学徒勤労令改正　学徒報国隊動員に関する通達	朝鮮総督府官報、6 月 14 日付
1945 年 7 月 1 日	5 月 21 日の勅令 320 号で戦時教育令を公布　朝鮮戦時教育令を布令 151 号で施行規則を定める	朝鮮総督府官報号外、1945 年 7 月 1 日付
1945 年 7 月 7 日	阿部信行総督　国民義勇隊結成につき告諭	朝鮮総督府官報、1945 年 7 月 7 日付
1945 年 8 月 11 日	府令 175 号で戦時要員緊急要務令を施行	朝鮮総督府官報、1945 年 8 月 11 日付
1945 年 8 月 15 日	日本敗戦	
1945 年 8 月 20 日	朝鮮総督府遠藤総務談話	朝鮮総督府官報、1945 年 8 月 20 日
1945 年 9 月 6 日	連合国軍京城飛行場に到着	
1945 年 9 月 19 日	阿部信行　京城飛行場から日本に帰国	森田芳夫・長田かな子編『朝鮮終戦の記録』第 1 巻資料編　4「朝鮮軍管区参謀長初電文　520 頁
1945 年 9 月 28 日	阿部信行　敗戦後の状況につき天皇に上奏書	森田芳夫・長田かな子編『朝鮮終戦の記録』資料編第 1 巻所収　総説　13 頁
1946 年 3 月 26 日	関屋貞三郎へ書簡、病気治療のため引き籠り　憲政資料室関屋につき根治せずと	関屋貞三郎文書 1 所収
1953 年 9 月 11 日	阿部信行　没	

＊阿部は1940年総理になる以前は「陸軍の軍政家」（松下芳男著）であるとの評
　価があり、総理時代との評価とは相違している。戦後については一時連合国
　軍から戦犯とされたがすぐに釈放された。
＊阿部の履歴は貴族院議員名鑑などを参照した。
＊阿部の戦後の記録は残されていないと思われる。特に連合国軍から釈放された
　後の状況は不明である。今後の研究課題である。

あとがき

　本書は朝鮮植民地支配最後の1年を当時の公文書記録を中心にまとめたものですが、36年間の植民地支配を凝縮したような苛酷な実態を示していました。朝鮮農民からの米の収奪、労働動員、兵士の徴兵などが頂点となっていました。「日本を第一に考える」として米の全量供出を要求し、労働者の日本動員は1944年の1年で33万人動員し、45年度には敗戦で実現しませんでしたが100万人を日本本省では要求しています。これは天皇への上奏文に明確に示されています。初めての朝鮮人徴兵では、兵士として徴兵された人以外に日本語ができない人はほぼ全員が、労働目的の勤務兵として徴兵されました。

　朝鮮農民はもともと畑地には麦、粟、ヒエ、サツマイモなど食用作物を作り、食を構成していました。しかし、総督府はその畑にまで稲を植えさせ、米の生産を優先させました。

　農民は米の優先的生産を要求され、できた米はすべて供出され、農民に食糧として配給されたのは満洲大豆からの油の搾り粕で、それを愛国粉と称して食用としていたのです。それは以前には肥料として朝鮮農村に配布されていたものでした。

　こうした戦時下の朝鮮の事情を明らかにするために使用した資料は、基本的には戦時下に作成された公文書、報告書などです。しかし、朝鮮南部では公文書・警察資料・軍関係資料などは1945年8月16日を含めて2回にわたり廃棄・焼却が行われました。このため残された日本国内の文書を多く使用しました。しかし、この記録には生産者たる朝鮮の記録、特に朝鮮人の大半を占めていた朝鮮農民の歴史や食料については記録されていません。これでは新しい朝鮮の歴史を日本人が学べないと思われます。このための作業の一つとして戦時下の米の生産を中心とした農民の動向と日本人との乖離を取り上げ記録しました。

　3年連続の凶作下にあったとはいえ、総督府はいったん畑地から田に変

更していた農地を再び畑として、農民が必要とした畑作物を作ることを認め、水稲畦立栽培法を試行する政策変更を実施しなければならなくなったのです。これが植民地支配最後の1年の戦時下の大きな特徴です。これを取り囲むように朝鮮人高額所得層が台頭し、乖離行動が広がったのです。朝鮮人は朝鮮人の世界を維持し、新たな解放後の世界を造りあげたのです。朝鮮人の世界が植民地支配下にもあり、そこに暮らしていた朝鮮人の動向が日本の敗戦の要因となり、朝鮮解放につながったと思われます。これを実証するために本書では資料を中心に事実を検証しました。

　この作業には、国立公文書館、外務省外交史料館、国会図書館などで資料の閲覧ができたことに感謝します。また、朝鮮農業のことについては中央大学のイヒョンナン先生、大石進、木村健二、新納豊氏などの皆様にお世話になりましたた。また、以前のことになりますが、研究方法などについては日本史の百瀬今朝雄、金原左門、丹羽邦夫先生などから御教示頂きました。また日常的には、在日朝鮮人運動史研究会、同人誌「海峡」、高麗博物館の研究グループ、さらには韓国、朝鮮の方など、多くの方にお世話になっています。御礼申し上げます。

　出版事情が厳しいなか、本書の刊行を受けていただいた社会評論社の松田健二氏、板垣誠一郎氏と多忙な中で校訂・校正などを引き受けていただいた新孝一氏に感謝します。

2023 年 11 月 11 日
樋口雄一

樋口雄一（ひぐち・ゆういち）

1940 年生まれ

元・高麗博物館館長　中央大学政策文化総合研究所客員研究員

著書：『戦時下朝鮮の農民生活誌』『金天海―在日朝鮮人社会運動家の生涯』『植
　　民地支配下の朝鮮農民』『増補改訂版　協和会―戦時下朝鮮人統制組織の研
　　究』（社会評論社）、『日本の朝鮮・韓国人』『日本の植民地支配と朝鮮農民』（同
　　成社）、『戦時下朝鮮民衆と徴兵』（総和社）ほか。
共著：『朝鮮人戦時労働動員』『東アジア近現代通史 5』（岩波書店）、『東アジ
　　アの知識人 4』（有志舎）、『「韓国併合」100 年と日本の歴史学』（青木書店）
　　ほか。
資料集：『協和会関係資料集 1 〜 5』『戦時下朝鮮民衆の生活 1 〜 4』『戦時下朝
　　鮮人労務動員基礎資料集 1 〜 5』（緑蔭書房）ほか。

戦時末朝鮮の農政転換　最後の朝鮮総督・阿部信行と上奏文

2024 年 2 月 16 日　初版第 1 刷発行

著　　者＊樋口雄一
発行人＊松田健二
装幀・組版＊新 孝一
発行所＊株式会社社会評論社
　　　　東京都文京区本郷 2-3-10　tel.03-3814-3861/fax.03-3818-2808
　　　　http://www.shahyo.com/
印刷・製本＊倉敷印刷

樋口雄一 著

協和会 増補改訂版

戦時下朝鮮人統制組織の研究

戦時下、特別高等警察が組織化した協和会によって、二百数十万人の在日朝鮮人がそのその統制下におかれた。その実態と歴史を赤裸々に解明する唯一の文献。

＊四六判上製 368 頁　本体 2700 円＋税
ISBN978-4-7845-1215-7